Blockchain
From 0 to 1

区块链+
大众科普读本

◎谭粤飞 郑子彬 编

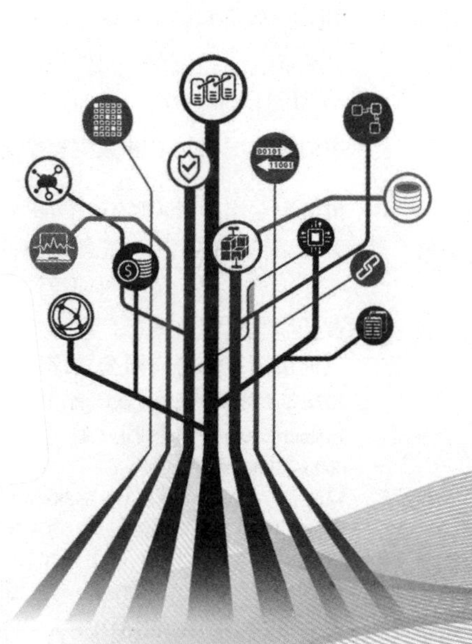

机械工业出版社
CHINA MACHINE PRESS

本书涵盖了区块链技术的基础知识、特点分类、与其他信息技术的对比联系以及应用场景，力求在横向与纵向两个方向上让读者对区块链技术有所认识，从而综合、全面地了解这门技术。全书共分5章，第1章介绍了区块链的基础知识，第2章介绍了区块链技术的一些基本特点，第3章介绍了区块链的分类，第4章介绍了区块链与信息技术其他领域（包括物联网、大数据和人工智能）之间的联系和区别以及区块链可能给这些领域带来的变革，第5章介绍了区块链技术在社会各行各业的一些典型应用场景及应用案例。

本书旨在为普通读者普及区块链技术，可作为对区块链技术感兴趣的大众读者的入门读物。

图书在版编目（CIP）数据

区块链+：大众科普读本/谭粤飞，郑子彬编. —北京：机械工业出版社，2020.10

ISBN 978-7-111-66683-7

Ⅰ.①区… Ⅱ.①谭… ②郑… Ⅲ.①区块链技术—普及读物 Ⅳ.①TP311.135.9-49

中国版本图书馆CIP数据核字（2020）第185687号

机械工业出版社（北京市百万庄大街22号 邮政编码100037）

策划编辑：侯宪国 责任编辑：侯宪国 王 博

责任校对：梁 倩 封面设计：张 静

责任印制：张 博

三河市国英印务有限公司印刷

2021年2月第1版第1次印刷

148mm×210mm · 4.5印张 · 80千字

000 1—3 000册

标准书号：ISBN 978-7-111-66683-7

定价：25.00元

电话服务

客服电话：010-88361066
010-88379833
010-68326294

网络服务

机 工 官 网：www.cmpbook.com

机 工 官 博：weibo.com/cmp1952

金 书 网：www.golden-book.com

机工教育服务网：www.cmpedu.com

PREFACE 前言

2019年10月24日，中共中央政治局对区块链技术进行了集体学习。习近平总书记在主持学习时指出，区块链技术的集中应用在新的技术革新和产业变革中起着重要作用，我们要把区块链作为核心技术自主创新的重要突破口；区块链技术应用已延伸到数字金融、物联网、智能制造、供应链管理、数字资产交易等多个领域。总书记的讲话点出了区块链技术的重要作用和广阔的应用场景。

那么什么是区块链技术，区块链技术有什么特点，区块链技术为什么这么重要，以及区块链技术是如何延伸到各个领域的？这些问题不仅是专业人士积极研究的目标，也是普通大众迫切需要了解的知识。对普通读者而言，由于不专注于技术开发，因此对一项新技术的了解，可以从它的基本概念、特点、应用及与其他技术的对比入手。目前，市面上关于区块链技术的书籍非常多，但这些书籍有些只注重对技术的深入介绍，有些只注重对部分应用的介绍，而普及性地介绍区块链技术、应用以及与其他科技领域对比联系的图书并不多，因此这些书籍难以适应普通大众读者的需求。鉴于此，我们编写了本书。

区块链技术是一门涉及密码学、分布式系统、计算机网络等诸多领域的综合技术。对这样一门综合性技术，本书着重选取了区块链技术中的一些关键技术术语进行介绍，选择了当前热门的物联网、大数据和人工智能三个领域与区块链技术进行类比，并选择了多个具体的应用场景对区块链技术的应用进行介绍。这些可以让读者对区块链技术的潜力及价值有直观的了解。本书共分5章，主要介绍了区块链的基础知识，区块链技术的一些基本特点，区块链的分类，区块链与信息技术其他领域（包括物联网、大数据和人工智能）之间的联系和区别以及区块链可能给这些领域带来的变革，区块链技术在社会各行各业的一些典型应用场景及应用案例。

本书由广东启链科技有限公司的联合创始人谭粤飞工程师和中山大学数据科学与计算机学院软件工程系的郑子彬教授合力编写而成。

由于时间仓促，再加上编写能力和水平有限，书中难免有错误和疏漏之处，望读者不吝赐教。

编　者

CONTENTS 目录

第 1 章 区块链基础

1.1 比特币前传：密码朋克运动

比特币及区块链是 21 世纪人类社会出现的颠覆性事物，它们的诞生给人类在思维方式及治理方式上带来了巨大变化，并创造了一系列史无前例的奇迹：在不到 10 年的时间，比特币从一文不值到最高接近 2 万美元；比特币的创始人中本聪来无影去无踪，至今无人知道其下落和真实身份；一众原本默默无闻的新生代投资者凭借比特币价格的飙升迅速崛起为财富新贵……

这一切都来得如此突然，如此震撼，以至于对绝大多数民众而言比特币和区块链就好像横空出世。但实际上，比特币和区块链的出现绝非偶然，而是随着 20 世纪 70 年代密码学的蓬勃兴起逐渐发展、演变而来的。

在 20 世纪 70 年代之前，密码学的应用在各国都被政府严格控制，为军方所用，普通民众及商业机构几乎接触不到。

到了 1970 年，商业巨头 IBM（国际商用机器公司）向美国政府提出在某些场合中应用密码学的需求。经过美国政府批准，一个商用密码方案出台，即我们今天知道的 DES（Data Encryption Standard，数据加密标准）。自此，密码学的应用开始进入民用及商用领域，之前严格保密的大量论文开始流向非政府领域。在这样宽松的环境下，民间、高校、科研机构及商业领域涌现出一批研究密码学、推广密码学应用的科学家和工程师。

1976 年，Whitfield Diffie 与 Martin E. Hellman 发表了论文 *New Directions in Cryptography*《密码学的新方向》，在文中首次提出公共密钥密码学的概念。

Whitfield Diffie（Sun 公司的前首席安全官）和 Martin E. Hellman（斯坦福大学教授）发明了一种被称为 Diffie-Hellman 的新型密钥算法。这个算法成为日后互联网安全及区块链技术的基础。由于他们的杰出贡献，两人于 2015 年获得图灵奖。

1978 年，MIT（麻省理工学院）的 Ron Rivest、Adi Shamir 和 Leonard Adleman 提出了另一种加密算法 RSA，并因此获得 2002 年的图灵奖。

除此以外，还有大量科学家和工程师在密码学的研究和应用领域做出了巨大贡献，他们的卓越工作推动着密码学的发展和应用飞速前进。在这个过程中一股特别的思潮开始形成，即希望利用密码学技术建立一个包含但不限于隐私、高效和平权的社会。

这一思潮不断成长和发酵，终于在20世纪90年代发展出“密码朋克”（Cypherpunk）的概念。1992年，Intel Corporation（英特尔公司）的资深科学家Tim May成立密码朋克组织。1993年，Tim May、Eric Hughes、John Gilmore共同创建了“密码朋克邮件列表”。1993年，Eric Hughes发表*A Cypherpunk's Manifesto*《密码朋克宣言》。

《密码朋克宣言》的诞生宣告密码朋克正式成为一项运动，参与这项运动的大量成员都通过密码朋克邮件列表进行交流。他们讨论的话题非常广泛，不仅包括数学、加密技术、计算机技术、政治和哲学，也包括私人问题。它宣扬个体精神，鼓励使用强加密技术保护个人隐私。

密码朋克运动兴起后迅速发展，涌现出一大批知名的科学家和工程师。除了前面介绍的Tim May、Eric Hughes、John Gilmore以外，还有其他先驱在研究和应用密码学的过程中创造并开发了一系列具有颠覆性的技术和工具。

David Chaum在20世纪80年代发明了盲签名技术，并在20世纪90年代基于这种签名技术首次提出在网络上匿名传递价值的方法，将之命名为Ecash。Ecash通过银行的加密签名，以数字形式存储货币，但它的运作必须依赖中心化的系统。在某种程度上，Ecash 可以说是加密货币的始祖。

Neal Koblitz 和 Victor Miller 在 1985 年分别提出了基于椭圆曲线的算法 ECC（Elliptic Curve Cryptography）。这是一种新型的密钥算法，安全级别比 RSA 算法更高。该算法后来成为比特币的核心加密算法。

Stuart Haber 和 Scott Stornetta 在 1991 年发表论文 *How to Time-Stamp a Digital Document*《如何为数字文件添加时间戳》。在这篇论文中，他们提出用时间戳确保数字文件的安全，这种技术保证了信息的可追溯性和不可篡改性，成为后来“区块链”数据结构的雏形。

Philip Zimmerman 在 1991 年发布了邮件加密软件 PGP（Pretty Good Privacy），并成立相关公司。PGP 是一个基于 RSA 公钥加密体系的邮件加密系统，能够保证邮件内容不被篡改，同时让邮件接收者相信邮件来自发送者。

Adam Back 在 1997 年发明了哈希现金（Hashcash）算法。这个算法用于电子邮件系统，要求在发送电子邮件之前，解一个数学题，以此来适度增加发送电子邮件的成本，达到过滤垃圾邮件的目的。这个思想后来被 PGP 的成员 Hal Finney 借鉴，发明了可重用的工作量证明机制。

Wei Dai（戴伟）在 1998 年提出了匿名的、分布式加密货币系统——B-money。B-money 的很多关键技术与后来的比特币非常相似，但其某些技术细节难以实现，导致 B-money 最终没有成为现实。尽管如此，中本聪与 Wei Dai 之间的交流却相当多，并大量借鉴了 B-money 的思想。在比特币白皮书的参考文献中，有关 B-money 的论文也赫然在列。

Hal Finney 是比特币的早期核心贡献者，同时作为 PGP 公司的成员，为 PGP 作出了重要贡献。Hal Finney 在 2005 年借鉴 Adam Back 的哈希现金算法提出了可重用的工作量证明机制（Reusable Proofs of Work，RPOW），它直接影响了后来比特币的共识机制。

除了这些先驱以外，John Perry Barlow（赛博自由主义政治活动家）、Nick Szabo（BitGold 发明人、智能合约概念的提出者）、Leslie Lamport（拜占庭将军问题的提出者）、Shawn Fanning 和 Shaun Parker（点对点网络工具 Napster 的发明者）、Bram Cohen（BitTorrent 的发明者）等都为比特币所依赖的各项关键技术作出了巨大贡献。

在上述这些先驱以及更多科学家和工程师们的共同努力下，比特币的技术基础逐渐成熟，以去中心化、保护隐私为核心的密码朋克精神传播到更多的人和社区当中。终于在 2008 年，比特币白皮书问世。

1.2 比特币的诞生和工作原理

北京时间 2008 年 11 月 1 日，一位网名为中本聪（Satoshi Nakamoto）的用户在网络上发表了比特币白皮书 *Bitcoin：A Peer-to-Peer Electronic Cash System*《比特币：一种点对点的电子现金系统》，阐述了一个以点对点网络、分布式记账、工作量证明（PoW）共识机制、加密技术等为基础构建的电子现金系统。此时，比特币还停留在理论阶段，尚未完全实现。在白皮书发布后，中本聪和他的早期支持者（如 Hal Finney 等）开始了艰辛的构建工作，用 C++语言开始了比特币系统的编码，逐步完善比特币的雏形，丰富它的细节，直到最终实现了比特币的第一个可运行版本，并在北京时间 2009 年 1 月 3 日运行这个版本，产生了比特币的第一个区块，也就是创世区块。创世区块的诞生标志着比特币主网正式上线，比特币从理论变为现实。

那么中本聪发明这套系统的目的是什么？他希望用这套系统解决哪个领域的什么问题呢？

比特币系统的发明是为了解决现有金融机构转账过程中碰到的一些问题。这些问题主要有，账户和账户之间的转账手续费高，作为转账中介的金融机构为了处理可能发生的纠纷会过度索取交易双方的个人信息而严重侵犯个人隐私等。而产生这些问题的根本原因是现有的转账系统必须依赖中心化机构作为中介来处理转账交易。

那么能否有一种电子系统无需中心化机构也能够处理账户间的转账交易呢？中本聪在比特币白皮书中就提出了一套全新的电子现金系统。这套全新的系统借鉴了密码朋克运动先驱们创造的成果以及密码学、计算机科学等领域中的各种成果。当中本聪将这篇论文第一次在网上发表时，受到的却是极大的冷遇，在众多回复中，只有 Hal Finney 对这篇论文给予了积极的回应并义无反顾地联系中本聪，他参与了比特币的开发和推广，并和中本聪完成了第一笔比特币的转账交易。

那么比特币系统是怎么工作的？既然它是为了解决传统金融系统转账过程中出现的问题，那我们就先来看看在传统的金融系统（比如银行）中两个账户之间是如何转账的。

假设张三和李四都在 A 银行有账户。当张三要向李四转账 5 元时，这个请求会被递交到 A 银行的中心系统，该系统会检查张三的账户余额是否大于 5 元，如果是，就把张三的账户余额减去 5 元，然后把李四的账户余额增加 5 元；否则，系统会拒绝张三的转账请求。由此可见，在传统的银行系统中，账本记录、交易的验证和执行统统都在中心系统中进行。

但如果没有中心化系统，账本记录、交易的验证和执行该如何进行呢？在比特币白皮书中，中本聪提出将这些流程中所有事务由一个中心化机构全权处理变为系统中每一个参与者都有权参与处理，这样就去除了中心化机构。

回到上面张三和李四转账的例子。在比特币系统中，张三和李四两人都保存有一份完整的账本，帐本中既记录了张三的账户信息和余额信息，也记录了李四的账户信息和余额信息。当张三发起转账 5 元的交易时，张三需要依据自己保存的一份完整账本记录验证这笔交易是否有效，同时李四也要依据自己保存的一份完整账本记录验证这笔交易是否有效，只有张三和李四都验证了这笔交易，这笔交易才被承认和执行。

当这个系统进一步扩大，不仅包含张三、李四，还包括王五、赵六甚至多达 10 000 人时，这个系统中的每个人都会有一本一模一样的账本，每个人手中的账本都记录着系统中 10 000 人的账户信息和账户余额。当这 10 000 人中任何一个人发起转账时，系统中的 10 000 人都会对这笔交易进行验证，只有至少得到 5001 人的验证，该笔交易才被认可执行。

这套系统中的每个人都是一个全节点，每个全节点都拥有一模一样的账本，并且拥有完全平等的记账权、交易验证权和执行权。比特币网络就是由这样一些全节点组成的网络。

在传统的金融系统中，每个用户要使用这个系统必须到柜台提交个人信息，等到审查通过，获得资格和授权才能参与这个系统。但比特币系统不是这样，任何用户都可以加入比特币系统，不需要留下个人信息等身份标识。

在比特币系统中，由于任何用户都可以自由加入并在系统中进行交易，因此完全可能有某些不良企图的节点进入系统作恶，甚至对系统发起攻击。为了解决这个问题，保障系统安全，比特币系统中引入了“共识机制”。“共识机制”（Consensus）是一套保障系统正常运转的机制。每一个参与比特币系统的全节点运行比特币的系统都要遵循这套“共识机制”。在“共识机制”的作用下，系统中每一个全节点都会被激励而主动参与保障系统安全的活动。这种参与保障系统安全的活动被称为“挖矿”。“挖矿”的过程实际上是解答系统提出的一道数学题。系统中每个全节点都会拿到这道数学题，最先解答出这道题的全节点会得到系统的奖励，即比特币。

比特币系统不仅实现了无需传统的第三方中介机构就可以完成任意两个账户之间的电子转账，而且还实现了无需任何身份信息就可以在系统中进行转账交易。更有趣的是，它的挖矿奖励机制实现了无需中央机构也能实施货币发行的功能和机制。这套货币发行的功能和机制严格受到算法的控制和约束，与现代社会中央银行在某种程度上不受限制发行货币的机制形成了鲜明的对比。

在中本聪构造的创世区块中，他留下了这样一段话：The Times 03/Jan/2009 Chancellor on brink of second bailout for banks。这是 2009 年 1 月 3 日英国《泰晤士报》头条新闻的标题，意思是“2009 年 1 月 3 日，财政大臣正处于实施第二轮银行紧急援助的边缘”。当时正值金融风暴席卷全球，各国中央银行不得不大量发行钞票以解救处于倒闭边缘的金融机构。

1.3 比特币的发展

比特币的创世区块被挖出后不久，中本聪给 Hal Finney 转账了第一笔比特币，标志着比特币的功能基本成形。在中本聪开发比特币的过程中，为了宣传和推广比特币，他专门运作了一个网站论坛 forum.bitcoin.org，在 2011 年该网站论坛又被转移到 bitcointalk.org。

通过这些论坛的宣传，越来越多的爱好者甚至黑客开始关注比特币，这些爱好者和黑客一方面无私地为比特币的源代码开发做贡献，另一方面积极地在各种场合和论坛推广和宣传比特币。在这些爱好者们的大力推广下，比特币逐渐从爱好者的小圈子走向大众。

2010 年 5 月，美国的一名程序员 Laszlo Hanyecz 用 10 000 个比特币购买了两块披萨，标志着比特币自诞生后第一次有了交换价值。

2010 年 7 月，比特币被著名新闻网站 Slashdot 报道，之后不久每个比特币的价格从 0.008 美元升至 0.08 美元。7 月 17 日，首个比特币交易平台成立。

2011 年 2 月，每个比特币的价格首次达 1 美元，与美元等价。此消息被媒体大量报道，引发比特币新用户的涌入。此后 2 个月中，比特币与英镑、巴西雷亚尔、波兰兹罗提的交易平台先后开张。之后，随着当时最大的比特币交易平台 Mt.Gox 的推动，比特币总市值最高达到 2.06 亿美元。

2012 年 9 月，伦敦 2012 比特币会议召开，比特币基金创立，每个比特币的价格超过 12 美元。

2013 年 3 月，塞浦路斯经济危机爆发，塞浦路斯政府出台紧急措施拟向所有的银行储户征税，对账户余额在 10 万欧元以下的储户一次性征收 6.75%的存款税，对 10 万欧元以上的储户一次性征收 9.9%的存款税，同时关闭国内银行以防止资本外逃。虽然该计划最终未被通过，但这一事件震撼全球，大量资金涌向比特币，每个比特币的价格迅速由紧急措施出台前的约 40 美元飙涨至 92 美元。

2013 年 11 月，比特币在当时最大的交易所 Mt.Gox 的交易价格创下 1242 美元/个的历史新高，接近黄金的价格 1250 美元/盎司。

2013 年 12 月，中国人民银行联合五部委下发通知监管比特币，每个比特币的价格迅速跌至 1000 美元附近，随后继续大跌，一度跌至 500 美元以下。

2014 年 1 月至 2 月，最大的比特币交易所 Mt.Gox 宣布丢失 650 000 个比特币，此消息导致比特币价格暴跌至 600 美元/个以下，随后价格缓慢回升。2 月 Mt.Gox 宣布因无法弥补客户损失而申请破产保护。

2015 年 1 月，比特币价格跌至 218 美元/个的低点，然后经过长时间的盘整，价格开始攀升，至 2016 年 5 月，比特币价格回升至 400 美元/个。

2016 年比特币市场再次开始活跃，一方面市场迎来比特币产量减半，另一方面世界政经形势出现诸多不稳定因素和变量，例如英国脱欧、美国总统大选等，在多重因素的作用下，比特币价格持续上涨，并于 2016 年 12 月比特币价格接近 1000 美元/个。

2017 年 2 月，比特币价格从低点 1000 美元/个左右开始狂飙，在 9 月初达到历史新高 4700 美元/个。就在比特币价格一路高涨时，2017 年 9 月 4 日，我国出台史无前例的监管措施，由中国人民银行牵头，联合其他部门共七部委共同发布《关于防范代币发行融资风险的公告》，要求国内停止一切代币融资活动并彻底禁止数字货币和法币之间的交易，要求中国境内所有交易所于 10 月底全部关闭。在此消息的打击下，比特币价格开始下行，然而在短暂下探到 3400 美元/个左右后，立刻反转继续狂飙，并在 12 月价格达到峰值接近 2 万美元/个。

之后比特币的价格暴跌，带领整个数字货币市场走入熊市。比特币在 2018 年 12 月跌至 3200 美元/个以下。

回顾比特币自 2009 年上线至今的发展过程，其价格从一文不值到 2017 年达到 2 万美元/个峰值，不到 10 年的时间创造了升值超万倍的涨幅，超过了所有现有的金融资产，这种财富效应一方面吸引了大量投机资本涌入比特币市场，另一方面也引起了全球政府和各界人士的高度关注。

比特币发展到现在已经很少被用作个人转账和支付的工具，而是更多地被视为具备存储价值的投资品，这种共识恐怕已经偏离了中本聪设计比特币时的初衷和对它的期待。

1.4 比特币与区块链

在不少人的印象中，比特币和区块链似乎有着说不清道不明的关系，很多人甚至认为两者就是一回事。

实际上，在中本聪发布的比特币白皮书中，并没有“区块链”（blockchain）这个词。那么“区块链”这个词是怎么来的，它和比特币到底有什么关系呢？

在比特币主网上线后，它去中心化、转账匿名以及按算法发行数字货币等诸多特点吸引了越来越多人的关注，人们开始研究它的原理，探索它的底层技术。

在比特币系统中，每一笔交易都会被系统中所有的全节点记录，并被每一个全节点加入自身构建的一个数据块中。系统每10min 就会产生这样一个数据块，这个数据块按照一定的规则从最近 10min 内系统发生的交易中选取一些交易打包。系统中每一个全节点都会进行这个数据块的构建，一旦构建好这个数据块，就会对数据块进行签名并盖上表明日期的“时间戳”（timestamp），然后向系统中所有全节点广播。所有的全节点中第一个打包好这个数据块并且通过验证的节点会得到比特币奖励。这个数据块会被每一个全节点都加入本地保存的一个“数据集”中，并且会被一个“链条”链接到这个“数据集”中。这个“数据集”看上去就是一长串“数据块”前后用“链条”相链接的。这一个个“数据块”后来就被比特币社区的成员称为“block”（区块），而这些区块前后相连形成的这个链式“数据集”就被称为“区块链”。可以把比特币区块链看作是一列火车，创世区块(Genesis block)是比特币系统中的第一个区块，也就是这列火车的“车头”，创世区块后链接的一个个区块就是车头后挂的一节节车厢，如图 1-1 所示。只要比特币系统永远存在，新的区块就会不停地产生，不断地被加到这个区块链的末尾。

在比特币区块链的构造过程中，综合运用了密码学、点对点网络、共识机制和分布式存储等多领域的技术，这些技术可以被抽象出来独立于比特币系统。具体来说这几大技术在区块链中所起的作用如下。

(1) 密码学　在比特币区块链结构中，每一个区块所打包的每一笔交易都需要用到数字签名和公私钥加密。每一笔交易都会进行哈希运算，算出的哈希值作为后一个区块和本区块相链接的“链条”。

(2) 点对点网络　在比特币系统中，所有的全节点之间是对等链接的，没有哪个全节点拥有特殊的权限和服务等级，全节点之间的权限完全相等，这种网络也称为对等式网络。这种网络与现有的中心化服务器网络不同，在对等网络中每个全节点既可以接受其他全节点的服务，也可以为其他全节点提供服务。系统中每一个全节点都有权打包区块并将区块添加到区块链中。

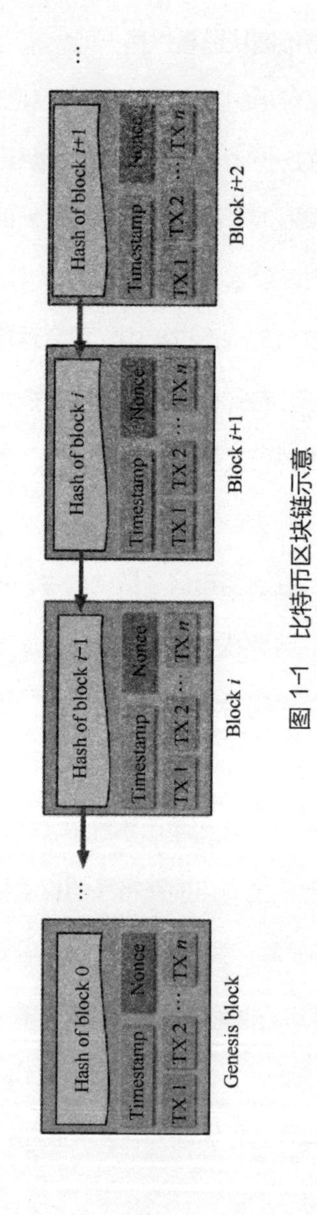

图 1-1 比特币区块链示意

（3）共识机制　区块链系统激励节点参与区块打包，维护系统安全靠的是共识协议。在比特币系统中，这个共识机制被称为基于工作量证明的机制。基于这种共识机制，比特币系统会保存一条最长、共识最高的区块链。

（4）分布式存储　分布式存储是区块链技术的特点之一，即系统不会把所有数据集中存储在某一个特定的服务器或全节点上，也不会由某一个特定的服务器或全节点提供所有的服务，而是将数据存储在网络的多个全节点上，并且这些全节点都可以提供服务。在比特币系统中，每一个全节点都存储了完整的账本和交易信息并提供相同的服务。

上述四种重要的技术并非“区块链”的全部，实际上区块链是一项综合各领域技术的统称，它最直观的表现就是系统中的交易数据每隔一段时间被打包进一个区块，这些区块之间以哈希值为“链”，前后相连成为链式结构，被称为区块链。这种综合技术逐渐被工程师和学术界从比特币系统中抽离出来，成为一门新兴、独立的信息技术，就是今天我们所说的区块链。

1.5 比特币的朋友圈

目前问世的各类数字货币已经超过几千种，全世界最大的数字货币排行榜（www.coinmarketcap.com）上所收录的数字货币就超过了5000种。这些数字货币都是在比特币诞生之后诞生的。

然而在比特币主网上线后相当长的一段时间里，比特币都是数字货币世界中的独行侠，孤独地在虚拟世界中游荡。

这一切直到2011年4月，也就是比特币的创世区块产生的两年后才开始发生变化。在bitcointalk论坛上出现了一篇帖子这样写道："Namecoin是一个基于比特币的域名系统，但在比特币的基础上做了一些修改。""这是一个新的区块链，它和比特币区块链不同，它把域名/值作为数据对存储在区块链中……域名在创建后的12 000个区块之内如果没有更新就会失效。"

就这样，一个新的数字货币Namecoin诞生了，它被称为"域名币"。

有趣的是，域名币的构想最初来源于中本聪。在2010年12月，中本聪在标题为*BitDNS and Generalizing Bitcoin*《BitDNS和比特币的推广》的帖子中写道："当产生比特币时，为什么不顺带产生免费的域名？可以在产生50个比特币的同时产生一些域名。"接着中本聪继续描述了关于这个构想的更多技术细节，包括Merkle树的使用等，这些构想最终成为域名币的基石。

域名币的产生目的是希望构建一个去中心化的域名注册系统，这个构想可能和中本聪的经历有密切的关系。当中本聪在

2008 年购买 bitcoin.org 域名时，由于没有匿名的数字货币支付手段，他不得不用 anonymouspeech.com 通过礼品卡匿名购买域名。

除了域名币以外，越来越多的开发者意识到除了比特币以外还可以创造新的数字货币，而且在比特币的基础上创造新的数字货币在技术上并不是难事。因为比特币的源代码是完全开源的，所以只要将比特币的代码复制过来，稍微做一些修改，比如重置一些参数（如货币总数、产生速度、计算方法和额外奖励等）就能够创造出一种新的数字货币。

就在域名币出现之后，在 2011 年 5 月诞生了另一个新的数字货币 Ixcoin（简称 IXC 币）。Ixcoin 采用与比特币相同的 SHA-256 算法，出块时间也是 10min，发行总量也是 2100 万，但每个区块的奖励由比特币系统的 50 个比特币改为 96 个 Ixcoin 币。Ixcoin 可以算是比特币的第一个克隆币。

这些基于比特币进行适当修改而创造出的数字货币通常被人们统称为“竞争币”或“山寨币”（Alternative Coin 或简称 Altcoin）。这些竞争币大多和比特币的区别非常小，只是做了一些微创新，因此很多竞争币后来都被市场无情地淘汰了，但也有一些竞争币因其在共识机制、加密算法、功能等方面做了大胆地探索而在市场竞争中站稳了脚跟。

总体来说，这些竞争币根据它们的特点可以分为下面几类。

第一类是发行量及加密机制不同。这类竞争币的典型代表有“莱特币”（Litecoin）和“狗狗币”（Dogecoin）。

莱特币是由曾任职于谷歌的程序员 Charlie Lee（李启威）设计实现的，在 2011 年 10 月发布并运行。与比特币相比，莱特币在三个方面进行了显著的改进。第一，莱特币将出块时间由比特币的 10min 改为了 2.5min，因此可以更快地确认交易；第二，莱特币将发行总量由比特币的 2100 万改为 8400 万；第三，莱特币将共识机制使用的加密算法改为 Colin Percival 提出的 Scrypt 加密算法，相对于比特币，这使得莱特币更容易在普通计算机上进行挖矿。

狗狗币是由 Adobe 公司悉尼市场部门的职员 Jackson Palmer 和美国波特兰的程序员 Billy Markus 共同创建并于 2013 年 12 月上线的一个数字货币。狗狗币和莱特币非常类似，它也基于 Scrypt 加密算法。它出块的时间更短，只有 1min。它的发行总量没有上限，第一年发行 1000 亿个，之后通涨率由每年 5%开始递减，20 年以后，每年通胀率只有 2.5%。

第二类是共识机制不同。这类竞争币的典型代表有“点点币”（Peercoin）和“维理币”（VeriCoin）。

点点币是由 Sunny King 在 2012 年 8 月发布的。点点币最大的创新点在于共识机制，它采用了基于工作量证明和基于权益证明（Proof of Stake）的混合机制。点点币的发行量没有上限，每年的通胀率为 1%左右。

维理币在 2014 年 5 月正式上线。它的独特之处是它采用了一种全新的共识机制——基于权益时间的证明（Proof of Stake Time）。在这种共识机制下，它的交易速度几乎是比特币的 10 倍。

第三类是在功能上进行的创新。这些币的典型代表有“质数币”（Primecoin）和“门罗币”（Monero）。

质数币于 2013 年 7 月上线。质数币是全世界第一个为解决数学问题而提出的数字货币，它试图把数字货币中没有目的的算法所浪费的能量利用起来，集合所有节点的算力，对学术中的疑难问题进行破解，比如寻找最大的质数等。质数币每 1min 产生 1 个区块，每个区块包含若干质数币的奖励（奖励数量取决于破解质数的难度）。质数币没有总量上限，但是其产生速度很慢，这与大质数的计算困难度有关。

门罗币是一个创建于 2014 年 4 月的开源数字货币。门罗币的开发团队给门罗币的定位是强调匿名的数字货币，它基于 CryptoNote 协议，通过使用“环签名”（Ring Signature）技术和“隐秘地址”（Stealth Address）的方式来隐藏交易数据，追求交易的安全、隐私、不可追踪等特性。

除了上面三类数字货币以外，还有很多特色鲜明的数字货币在比特币之后纷纷涌现。但在相当长的一段时间里，无论这些数字货币的表现如何、功能如何，人们都会把除比特币之外的所有数字货币称为“竞争币”。在人们看来，这些“竞争币”的地位无论如何都比不上比特币，也无法创造比特币的辉煌。

这一切直到另一个数字货币的出现才彻底改观，它就是以太坊。

1.6 以太坊的诞生和工作原理

“以太坊”（Ethereum）的前世今生和它的创始人 Vitalik Buterin（以下简称 Vitalik）一样充满了传奇色彩。

1994 年，Vitalik 出生在莫斯科。在他 6 岁那年，父母离婚，他跟随父亲来到加拿大。他在三年级时就展现出了卓越的数学天赋，能以同龄人两倍的速度进行 3 位数心算。在 12 岁时，他开始学习编程，并编写了自己的第一个游戏程序。

2011 年，17 岁的 Vitalik 接触到了比特币，不久便开始了对比特币的研究，并向 *Bitcoin Weekly*《比特币周刊》撰稿。后来他亲自创办了 *Bitcoin Magazine*《比特币杂志》。通过撰写和阅读一系列的比特币文章，Vitalik 对比特币的了解越来越深，并结识到不少比特币圈内的人物。

在 2013 年，Vitalik 周游各国拜访了大量开发者并与他们交流、讨论。在这一过程中他认为比特币需要一种能用于开发复杂应用的脚本语言，并提出重新构建一个平台能够支持这种语言，这个平台就是日后的“以太坊”。

回到加拿大后，Vitalik 将自己的想法整理汇总，写出了第一版《以太坊白皮书》。

Vitalik 对数字货币的研究投入了无比的热情和大量的时间，从而不得不在 2014 年放弃了正在就读的加拿大名校——滑铁卢大学的计算机系专业，开始全身心投入对数字货币的研究。

2014年1月，在美国迈阿密举办的北美比特币大会上，Vitalik 向世界展示了以太坊，随后成立了非营利组织“以太坊基金会”，并于当年 7、8 月通过 ICO（首次代币发行）募得 3.1 万个比特币。

Vitalik 在推进以太坊项目的过程中，遇到了另外一位在以太坊开发过程中至关重要的人物——Gavin Wood。虽然以太坊的框架及总体构思出自 Vitalik，但很多细节在初期并不完善，其中很大一部分都是由 Gavin Wood 后来设计完成的。

Gavin Wood 也是一位天才程序员，他在 2011 年就接触了比特币，但他第一次听说比特币时对此并不感兴趣，直到 2013

年他再次审视比特币时才开始对数字货币技术着迷，并通过朋友介绍认识了 Vitalik，从而加入了以太坊的开发。

Gavin Wood 在以太坊开发过程中所做的最大贡献就是撰写了以太坊的经典技术论文《以太坊黄皮书》，对以太坊的核心——以太坊虚拟机（Ethereum Virtual Machine，EVM）进行了详细的定义和描述。

如果说 Vitalik Buterin 是以太坊的“灵魂之父”，那么 Gavid Wood 就是以太坊的“工程之父”。

在 Vitalik Buterin 和 Gavin Wood 等早期核心开发者的努力下，以太坊开启了伟大的征程，他们完成了以太坊早期基于 C++ 语言的客户端、基于 Python 语言的原型展示客户端和基于 Go 语言的官方客户端。

那么以太坊和比特币相比到底有什么不同呢?

从功能上来说，比特币以及大多数比特币的竞争币功能都非常单一，只能完成比较简单的转账交易。Vitalik Buterin 看到了比特币脚本语言的这个缺陷，于是提出了以太坊的构想。以太坊最根本的改变就是将比特币的脚本语言发展成一套“半图灵完备”的系统。所谓的“图灵完备”，通俗地说，就是以太坊的这套系统能够编程，可以实现任何业务逻辑。所谓“半”就是指这套系统所能执行的每个任务的步骤是有限的，不能无限执行。

那么在以太坊上的一个任务是如何完成的呢?

截至目前，以太坊共有大概 8000 个全节点，以此为例来计算。当一个任务被提交到以太坊执行后，该任务的每一个步骤都会被以太坊的 8000 个全节点执行，直到该任务的所有步骤都被 8000 个全节点全部执行完。在这个过程中，黑客只有具备 8000 个节点中至少一半以上的计算能力才能破坏该任务的执行。而要做到这点难度非常大，所以可以认为在一般情况下一个正在以太坊上执行的任务是不可能被阻止和干扰的。

以太坊也发行了自己的数字货币——以太币（ETH）。在以太坊上每执行一个交易或者一个步骤都需要消耗一定数量的以太币，所消耗的以太币被称为是“燃料”（Gas）。在以太坊上每执行一个任务前都要先预付一定的燃料，以保证这个任务的完整执行有足够的资源。这类似开车旅行一样，在长途旅行前，为了防备旅途中可能没有足够的补给加油站，在出发前就要给车加满油保证能跑完整个旅程。

以太坊之所以规定每执行一个步骤都需要消耗一定的燃料，就是为了防止一个任务由于有意或无意的因素被设计为永久执行。如果这样的任务在以太坊上运行，则会永远占用以太坊的资源。有了预付燃料的限制，以太坊的资源就能避免被无故占用和浪费。

1.7 智能合约

在以太坊上运行的任务有个专门的术语，叫“智能合约”（Smart Contract），它是“一种旨在以信息化方式传播、验证或执行合同的计算机协议。智能合约允许在没有第三方的情况下进行可信交易，这些交易可追踪且不可逆转”。

智能合约的概念最早在20世纪90年代由Nick Szabo首次提出。但直到以太坊出现以前，它都只停留在概念阶段，以太坊的出现使智能合约变为现实，以太坊对“智能合约”的实现是信息技术领域的一个飞跃。

智能合约的实现意味着合约要被写成计算机系统可读的代码，合约规定的权利和义务将由计算机系统执行，执行过程严格遵循合约内容。

智能合约的构建通常由单个或多个用户共同参与，以某种智能合约语言编写而成。编写完的智能合约会被提交到计算机系统。计算机系统会定期检查智能合约的状态，调用、执行满足条件的智能合约。

在以太坊中，智能合约通常用Solidity语言编写，在EVM中执行。智能合约的执行需要一定的触发条件。当满足触发条件时，

EVM 就会按照智能合约的语句逐个进行判断和执行，同时会保存每一步执行后系统的状态和数据。

智能合约和传统的合约既有相似点，也有很大区别。

传统合约是在日常商业和社会生活中个人、公司、组织和机构等发生涉及利益关系时为了维护各自利益，双方共同签署的文书。

传统的合同通常包含的要素如下：

1）合同的主体：代表个人、机构、公司和组织等。

2）合同的条款：合同中拟定的需要主体双方履行的相关职责、义务等。

3）仲裁机构：对违反合同条款的主体实施仲裁的机构。

4）惩戒措施：对违反合同条款的主体实施的具体惩戒。

相比传统合约，智能合约同样包含这些要素，但在合同条款、仲裁机构和惩戒措施方面有根本的不同。在合同条款方面，智能合约的所有条款都以代码形式由计算机系统执行，但目前这些条款存在与现有法律条文冲突的可能。在仲裁机构方面，以太坊上的智能合约严格按照条款定义执行，不需要任何第三方机构参与和监管。在惩戒措施方面，智能合约一般都对数字资产采取罚没或销毁的方式。

由于以太坊上的智能合约一般都是开源的，这意味着智能合约的内容是公开、透明的，再加上智能合约的执行是不可逆转、不受干扰的，这些特性使得智能合约的使用将颠覆现有社会生活中事务执行的流程及方式。

下面用一个日常生活中常见的例子来说明这种颠覆性效应。

在日常生活中，如果人们要贷款买房就要和银行签订合同。在这份合同中银行会规定贷款人的各种责任和还款条件，并且在某些合同中还会规定一旦贷款人无法按时缴纳房贷，银行就会没收抵押的房产。对于这类合同，大部分贷款人都会严格履约还款，但有时一些恶意贷款人会利用制度方面的某些漏洞私自将房产转手，并卷款潜逃。碰到这样的状况，当银行发现时，贷款人可能已经人去楼空，银行则不得不求助公检法机构尽量挽回损失。而此时公检法机构的介入对银行而言不仅意味着额外的成本开支，还意味着要经历漫长的司法流程，而最终也存在无法挽回损失的可能。

如果这一切都用智能合约实现，那将会是什么场景呢？

如果这个合同用以太坊智能合约实现，那么所有的条款都将编写成代码在以太坊虚拟机上执行，智能合约会定期监控贷款人的资金是否到位以及贷款人抵押的房产是否仍然有效，一旦智能合约发现贷款人的资金无法到位或者抵押的房产状态发生异动，就会自动触发惩戒措施并在国家的个人征信系统中对贷款人的征信进行相应的处理，防止其潜逃或出境。整个过程完全无需第三方介入，这一方面能及时为银行止损，另一方面也能为银行节省大量可能花在法律流程方面的费用。

当然这里描述的智能合约是非常理想的状况，现有的以太坊技术暂时还无法实现上述场景，但是以太坊的技术框架在理论上已经完全可以支持上述场景。因此，智能合约在未来具备极大的商业价值和广阔的应用场景。

智能合约最大的价值在于去掉了传统的中介系统，因此大幅降低了由于引入中介带来的交易成本，能够高效、透明、公正和公开地执行合同，并且保证合同的执行不会受到人为和外力的干扰，将合同的执行交给计算机系统来处理。计算机系统犯错误的概率相较于人会大大降低。

然而，事物都具有双面性，智能合约也是如此。它的不可逆、不受干扰就是一把双刃剑。当它保证事务的执行都能严格按智能合约的规定执行时，同时也意味着如果智能合约中出现了错误，这种错误也将不受干扰地执行且无法逆转。

在以太坊的发展史上，“The DAO”事件便是这样一个惨痛的教训。

在 2016 年，德国初创公司 Slock.it 团队创建了一个叫作“The DAO”的组织。这个组织的全称是去中心化自治组织（Decentralized Autonomous Organization，DAO）。这个组织期望人们在去中心化的平台中进行各种活动。Slock.it 团队在 2016 年 4 月为这个项目开展了众筹融资，在不到一个月的融资期内，共有 11 000 多位投资者热情参与，筹得当时价值 1.5 亿美元的以太币，成为当时最大的众筹项目之一。

但是在众筹融资的过程中，一直有人担心其智能合约代码可能会有漏洞而受到攻击。面对这种担心，其中一位创始人 Stephan Tual 于当年 6 月坦承漏洞的确存在，但又坚称“The DAO”募集的资金仍然安全，不存在风险。

就在程序员们修复这个漏洞时，有黑客开始利用这一漏洞盗取“The DAO”所募集的以太币，并成功盗取超过 360 万个以太币。而当黑客在众目睽睽下盗取以太币时，整个社区却无能为力，无法阻止智能合约的执行，只能任由黑客为所欲为。

“The DAO”通过此次募资所筹得的以太币接近当时所发行以太币总量的 15%，因此，这次攻击对以太坊及以太币都产生了严重的负面影响。

最终，在以太坊创始人 Vitalik 的提议下，以太坊社区不得不用最无奈的办法，将以太坊进行硬分叉来解决这一危机。这种方式虽然挽回了投资者的损失，但却严重分裂了以太坊社区，并分裂出了一个新的数字货币——“以太坊经典”（Ethereum Classic）自此诞生。

1.8 ICO 的潮起潮落

以太坊在 2015 年 7 月正式上线后，在将近一年的时间里一直表现平平，一方面是因为它的功能还在不断完善，另一方面是因为它的智能合约功能还没有找到合适的应用场景，没有孕育出现象级的应用。这一切直到以太坊智能合约被用于区块链的融资后，才开始发生巨大的变化，以太坊自此一鸣惊人并带动以太币价格高涨。在 2018 年 1 月，每个以太币的价格最高曾经接近 1500 美元，而其公开进行代币融资时价格仅为 0.31 美元左右。

这个让以太坊智能合约大放异彩的独特融资方式就是 ICO。

ICO 是 Initial Coin Offering 或 Initial Currency Offering 的缩写，翻译为“初始代币融资”，这是区块链领域曾经非常火爆的一种众筹融资方式。当一个区块链项目的团队需要资金来开发及运作项目时，会发行这个项目的“通证”（Token），然后将该通证售卖给看好本项目的投资者或投机者。在进行 ICO 众筹融资的过程中，项目发行方售出的是本项目的通证，而换回的是项目方指定所需要的通证。通常项目方希望换回的通证都是市场上有价值，方便变现为法币的通证（比如比特币、以太币等）。项目方出售的本项目通证和希望换回的指定通证之间具有一定的兑换关系。

举例来说，某项目方为了运作项目需要融资，为此发行了通证 A，并希望通过出售 A 换回比特币。项目方将通证 A 和比特币之间的兑换关系设定为每 10 个通证 A 换一个比特币。项目方将此计划向社会公布，看好项目前景的投资者认为通证 A 的价格以后会大涨，便会踊跃地用比特币进行购买。最终项目方共卖出了 100 个通证 A，换回了 10 个比特币。如果比特币在公开市场上的售价为 1 万美元，则项目方可以方便地将手中的 10 个比特币换成 10 万美元，这样便有了项目的运作资金。

这种融资方式和我们在传统金融市场中进行的股票融资方式 IPO（Initial Public Offerings）非常类似，两者都通过出售自己的权益（股份或通证）来筹措所需的资源（资金或有价值的通证），两者在发售时都会有投资者或投机者为了可能的潜在未来收益而冒险参与。

但 ICO 与 IPO 也有显著的不同，具体为以下四点：ICO 的参与者无需任何门槛或资质认定；发起 ICO 的项目方不需要注册营业执照，不受到任何监管机构的监管；ICO 平台是第三方平台，投资者要自担风险；ICO 的全过程不受法律约束，投资者的利益也不受法律保护。

在区块链领域最早进行 ICO 的项目是 2013 年 7 月一个名为

“Mastercoin”的项目。当时该项目曾在 Bitcointalk 论坛上共筹得 5000 个比特币。同年 12 月，另一个项目“NXT”也通过 ICO 的方式筹得 21 个比特币。

自此，这种融资方式开始在早期数字货币玩家的小圈子里盛行，在 2013 至 2014 年间很多区块链项目都成功地通过 ICO 筹得了资金，这些项目所售出的项目通证曾经在数字货币牛市中也出现过疯涨，但最终价格都趋于平静甚至归零。然而有一个项目不仅通过这种方式成功筹资并在日后成长为 ICO 融资平台的不二之选，它就是以太坊。

2014 年 7 月，以太坊成功进行了 ICO 并筹得当时价值 1800 万美元的比特币。以太坊在筹到丰厚的资金后开始加速研发和推进，其生态也在不断地完善和发展，在这个过程中诞生了以太坊生态中一个极为重要的通证标准——ERC-20。

在 ERC-20 诞生后，人们偶然地发现可以利用这个通证标准在以太坊上开发一套智能合约系统，用这个系统进行 ICO 融资效率会非常高。当项目方发布了一套 ICO 智能合约到以太坊上面后，投资者只需要几分钟甚至更短的时间就可以在网上完成 ICO 投资，通过给项目方发送以太币并得到项目方发行的代币。

在以太坊上用智能合约完成的这种极其高效且无门槛的融资方式立刻风靡了数字货币爱好者的圈子，以太坊成为进行 ICO 的首选平台，最高时以太坊曾占 ICO 市场总额的 80%。ICO 在 2017 年达到高潮并创造出不少融资神话。例如，在 2017 年 5 月，浏览器项目 Brave 在 30s 内成功融资 3500 万美元；同年 9 月，即时交流工具 Kik 融资 1 亿美元。仅在 2017 年 1 月至 2017 年 10 月，ICO 的融资额就达到了 23 亿美元，是 2016 年全年融资额的 10 倍还多。

然而 ICO 在发展和繁荣的同时也开始出现被滥用甚至是欺诈的现象，以致 ICO 发展到后期欺诈项目越来越多，引发投资者不满，进而引起全球各国政府和监管层的高度警惕。

我国政府发布的《关于防范代币发行融资风险的公告》（以下简称《公告》）指出，代币发行融资本质上是一种未经批准非法公开融资的行为，要求自公告发布之日起，各类代币发行融资活动立即停止，同时已完成代币发行融资的组织和个人做出清退等安排。自此，ICO 在我国被彻底禁止。

不仅我国，世界上很多国家从 2017 年也开始对 ICO 进行严格的监管。ICO 的发展也在 2017 年由盛转衰，现在已经不再是区块链领域的主流融资方式。

利用以太坊进行 ICO 融资是智能合约的第一次大规模应用，也是以太坊的第一个大规模应用。它在历史上第一次创造了不分种族、不分国界和不分阶层的融资方式。但是这种方式因为缺乏监管导致鱼龙混杂，成为欺诈、犯罪和洗钱等非法活动的渠道而最终被各国严厉监管甚至禁止。

1.9 UTXO

现实世界中是没有“比特币”的，只有 UTXO。

UTXO 全称是“Unspent Transaction Output”，即未花费的交易输出。它是比特币交易生成及验证的一个核心概念。比特币的每一笔有效交易都由交易输入和交易输出组成，每一笔交易都要花费一笔或多笔曾经的交易输入(input)，同时又会产生一笔或多笔交易输出(output)，这个交易输出就是 UTXO。

在比特币系统中，除“Coinbase”以外的所有的有效交易都是前后关联的。每一笔有效交易都可以追溯到前一个或多个 UTXO。

举个例子，用户 A 的比特币钱包中原本余额为 0，他通过挖矿得到了 12.5 个比特币，这 12.5 个比特币便会以一笔交易的形式发放到他的钱包地址中，这笔交易也被称为“Coinbase 交易”。对用户 A 来说这 12.5 个比特币就是他得到的一笔 UTXO，这时他的钱包余额就变为 12.5。

后来他把其中的 5 个比特币转账给用户 B，当这笔交易完成时，整个过程是这样的：系统将他钱包中这笔交易 12.5 个比特币的 UTXO 分为两个交易，一个为 5 个比特币的交易，另外一个为 7.5 个比特币的交易。5 个比特币的那笔交易发给了用户 B，而 7.5 个比特币的这笔交易发给了他自己。这 5 个比特币对用户 B 而言是一笔 UTXO，这 7.5 个比特币对用户 A 而言是再次得到的一笔 UTXO。因此在这笔交易完成后，用户 A 消耗了 12.5 个比特币的 UTXO，得到了一笔 7.5 个比特币的 UTXO，同时用户 B 也得到了一笔 5 个比特币的 UTXO。整个过程如图 1-2 所示。

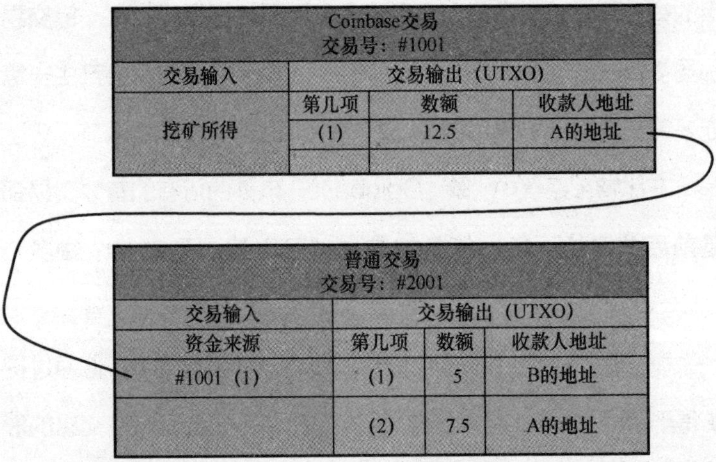

Coinbase交易 交易号：#1001			
交易输入	交易输出（UTXO）		
	第几项	数额	收款人地址
挖矿所得	(1)	12.5	A的地址

普通交易 交易号：#2001			
交易输入	交易输出（UTXO）		
资金来源	第几项	数额	收款人地址
#1001（1）	(1)	5	B的地址
	(2)	7.5	A的地址

图 1-2　UTXO 交易示意图

一个比特币钱包中全部都是这样的 UTXO，可能不止一笔，所有这些 UTXO 加起来的总金额就是这个钱包中的比特币余额。

从这个例子我们可以看出，系统中每进行一笔交易，都要消耗一笔或多笔 UTXO，同时也会生成一笔或多笔 UTXO。

比特币的 UTXO 遵循两个规则：除了“Coinbase 交易”之外，所有交易需要的资金都必须源自前面一个或者多个交易的 UTXO；任何一笔交易的交易输入总量必须等于交易点输出总量。

1.10 数字货币的钱包

在日常生活中，人们用钱包来存储纸币和硬币。在数字货币应用中，人们也需要钱包来“存储”数字货币，这类钱包实际上是一类软件或者 APP 应用程序，被称为数字货币钱包。这种钱包不仅可以“存储”数字货币，还可以用来转账数字货币。通常这类数字货币钱包在计算机或手机上运行。

对一个数字货币的底层技术而言，比如比特币和以太坊，它的一个全节点客户端软件实际上就是一个钱包软件。但通常运行一个全节点客户端太耗资源并且操作起来不太方便，因此，大量开源社区的软件团队开发了功能简单、操作容易的各种简化版钱包软件，被称为“轻钱包”。今天，大部分用户存储和转账数字货币的钱包实际上就是这类轻钱包。

目前，比较流行的比特币轻钱包软件有 Bitcoin Core、Electrum、mSIGNA、Bitcoin Wallet、Breadwallet、Bither、GreenBits 和 GreenAddress 等，比较流行的以太坊轻钱包软件有 MyEtherWallet、MetaMask、Parity、Jaxx、imToken 等。

各种钱包软件尽管在界面和操作上稍有不同，但基本功能都是一样的。

1.11 助记词、私有密钥、公有密钥和地址

1.11.1 助记词

每一个要进行数字货币转账的用户，都需要一款数字货币钱包。当用户安装好并第一次运行一个钱包软件时通常会被提示记录一个“助记词”（Mnemonic 或 Seed Phrase）。一个助记词的典型实例如下所示。

cookie treat sugar cream honey rich cake smooth maple crumble sweet pudding

通常一个助记词由 12~24 个英文单词组成。助记词对用户来说至关重要，它相当于银行账户的取款密码，但又与取款密码不同。在现实生活中，如果用户忘记了取款密码，可以凭身份证到银行重新设置密码，从而继续使用账户。但在数字货币系统中，

一旦遗失了助记词，则没有人能帮用户找回它，这意味着用户将永远无法再使用钱包，也无法拿走存在钱包中的数字货币。此外，一个钱包的助记词是无法重置的。因此，如果有人盗取了用户的助记词，就可以盗取钱包中的数字货币，而用户无法通过重置助记词保护钱包中的资产。

因此，对助记词的保护非常重要，通常钱包软件会提示用户用笔和纸记下助记词并存放在安全保密的地方。

1.11.2 私有密钥

比特币不仅是第一个基于区块链技术的数字货币，也是第一个在钱包软件中提出助记词功能的数字货币。实际上在比特币诞生初期，用户使用钱包时，是没有助记词的，只有“私有密钥”，简称私钥（Private Key）。私钥的作用和助记词非常类似，但私钥不方便记忆，它是一串由 64 位十六进制数组成的字符串，如下例所示。

9F82F6A20E6E224B36B68DFE433C7CE6E57D832
49D2D2CD9332671FA445C2DD4

私钥是数字货币钱包最终的安全保障工具。和助记词一样，私钥遗失后也无法借助第三方找回，私钥被盗也意味着钱包中的数字货币可能被盗。

由于私钥对用户而言不便记忆，而且在操作过程中容易出错，因此，比特币团队在比特币改进协议 BIP39 中提出用英文单词组成的助记词来替代私钥在比特币钱包中的使用。

那么助记词和私钥是什么关系呢？一个助记词可以生成无穷个私钥。一个钱包有一个助记词，钱包中由这个助记词生成的私钥都可以由这个助记词来管理。

1.11.3 公有密钥

数字货币的“公有密钥”（Public Key，简称公钥）是和私钥配对的，在基于区块链技术的数字货币系统中每一个私钥都对应一个公钥。私钥需要用户自己保存且不能对外公开，但公钥却可以对外公开。通常交易的一方用自己的私钥对信息进行加密或数字签名，而交易的另一方用该私钥对应的公钥对信息进行解密或验证数字签名。

以比特币转账过程中的数字签名为例，当用户 A 要向用户 B 转账 5 个比特币时，用户 A 首先会构造这笔交易，然后用自己的私钥给这笔交易签名并把交易向比特币全网广播。当用户 B 接收到这笔交易后，会用 A 的公钥来验证这笔交易是否发自 A。整个过程如图 1-3 所示。

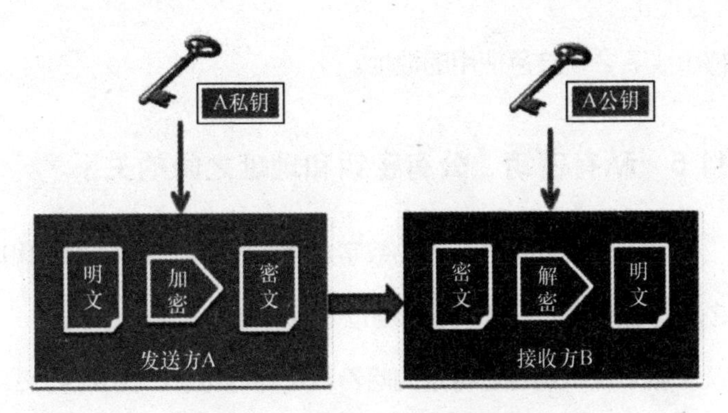

图 1-3 私钥签名，公钥验证

1.11.4 地址

用户进行数字货币转账交易时，其实就是通过一方的钱包地址向另一方的钱包地址进行转账。当用户打开自己的钱包时，会看到钱包中有一个或若干个地址，每个地址中有若干数字货币。所有这些地址所含的数字货币总额就是这个钱包中的总金额。

地址和公钥一样也是可以公开的，公开数字货币钱包的地址对用户的资产没有安全方面的隐患。在大多数数字货币系统中，所有的交易信息都是公开的，因此在这些数字货币系统中，任何人都可以通过公开的地址查询该地址所拥有的数字货币金额。

一个典型的比特币地址为:

1XPTgDRhN8RFnzniWCddobD9iKZatrvH4

这个地址就是 2010 年程序员 Laszlo Hanyecz 用 10 000

比特币买下 2 个披萨使用的地址。

1.11.5 私有密钥、公有密钥和地址之间的关系

在绝大多数基于区块链的数字货币系统中，私钥、公钥和地址之间有着严格的数学关系，通过一定的算法计算得出。

一般来说私钥经过特定的哈希算法计算可以产生公钥，公钥再通过特定的哈希算法计算产生地址。

1.12 数字货币的加密技术

密码学技术是区块链技术的基石之一，也是区块链技术的核心。密码学有多个分支，在区块链技术中应用最广泛的是非对称加密技术，这种技术具体实现的算法叫做非对称加密算法。

1.12.1 非对称加密算法

非对称加密算法需要两个密钥，即公钥和私钥。公钥与私钥是一对，如果用公钥对数据进行加密，则只有用对应的私钥才能解密。因为加密和解密使用的是两个不同的密钥，并且可以由私钥推算出公钥而不能由公钥反推出私钥，所以这种算法叫作非对称加密算法。

例如有 A、B 两个通信方，非对称加密算法实现机密信息交

换的基本过程如下。

1）A 首先生成一对公钥和私钥，并将公钥公开。

2）需要向 A 发送信息的 B 使用 A 的公钥对机密信息进行加密，然后发送给 A。

3）A 再用自己的私钥对 B 发送来的加密信息进行解密，得到信息原文。

在上面这个过程中只有 A 向 B 公开了自己的公钥，如果 B 也使用公钥和私钥则可以让这个过程更加安全。这个过程如下。

1）A 首先生成一对公钥和私钥，并将公钥公开给 B。

2）B 也生成一对公钥和私钥，并将公钥公开给 A。

3）B 使用 A 的公钥对机密信息进行加密，然后用自己的私钥再对这个加密信息进行数字签名，然后将签过名的加密信息发送给 A。

4）A 收到 B 发来的信息后，可以用 B 的公钥对信息上的签名进行验证，证明该信息确实发自 B，然后再用自己的私钥对 B 发送来的加密信息进行解密，得到信息原文。

这个过程如图 1-4 所示。

非对称加密技术的算法复杂度和安全性都很高。

在区块链技术中，使用得最广泛的非对称加密算法是椭圆曲线算法（ECC）。

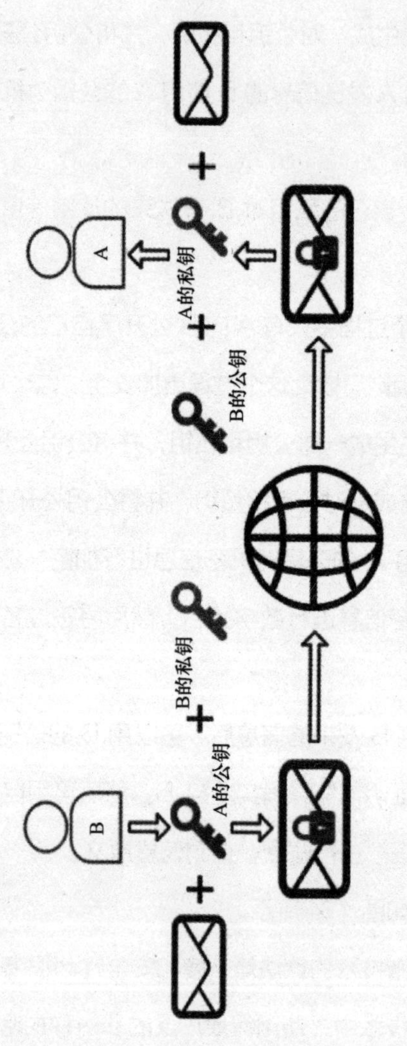

图 1-4 利用公钥、私钥加密和签名的过程

1.12.2 哈希算法

哈希算法（Hash Algorithm）也被称为散列算法，它没有固定的公式，是一种思想，其核心是把任意长度的输入（又叫做预映射 pre-image）通过某种算法变换成固定长度的输出，这种输出就被称为散列值或哈希值。这种转换是一种压缩映射，也就是说哈希值的空间通常远小于输入值的空间，不同的输入通过一种哈希算法可能会得到相同的输出，所以不可能从哈希值来反推出唯一的输入值。

哈希算法有下列性质：

（1）单向性　单向性即给定一个输入值，可以很容易计算出它的哈希值，但是已知一个哈希值根据同样的算法却不能反推得到原输入值。

（2）弱抗碰撞性　弱抗碰撞性即给定一个输入值，要找到另一个得到给定数的哈希值，若使用同一种方法，在计算上不可行。

（3）强抗碰撞性　强抗碰撞性即对于任意两个不同的输入值，根据同样的算法计算出相同的哈希值，在计算上不可行。

使用哈希算法可以提高存储空间的利用率和数据的查询效率，也可以做数字签名来保障数据传递的安全性。所以，哈希算法被广泛地应用在互联网和区块链中。

常用的哈希算法有MD4、MD5、SHA、Keccak、RIPEMD-160、CryptoNight等。目前，在区块链技术中常用的哈希算法有：SHA-256、Keccak、RIPEMD-160和CryptoNight等。

其中SHA-256和RIPEMD-160用于比特币公钥和地址的生成，Keccak用于以太坊公钥和地址的生成，CryptoNight用于门罗币的交易加密。

1.12.3 数字签名

数字签名又称公钥数字签名，是只有信息的发送者才能产生的别人无法伪造的一段数字串，这段数字串同时也是对信息的发送者发送信息真实性的一个有效证明。它类似于写在纸上的普通的物理签名，但是使用了公钥加密领域的技术来鉴别数字信息的方法。一套数字签名通常定义两种互补的运算，一个用于签名，另一个用于验证。数字签名是非对称密钥加密技术与数字摘要技术的应用。

数字签名就是附加在数据单元上的一些数据，或是对数据单元所做的密码变换。这种数据或变换允许数据单元的接收者确认数据单元的来源和完整性并保护数据，防止被人（例如接收者）伪造。它是对电子形式的消息进行签名的一种方法，一个签名消息能在一个通信网络中传输。

经过数字签名的文件具有完整性和不可否认性。正因为如此，数字签名广泛地应用在区块链技术中，用来对交易进行签名。

通过数字签名能够实现下列功能。

1）接收方能通过发送方的公钥确认其身份。

2）通过私钥方式签名，他人无法伪造签名。

3）发送方通过私钥签名抵赖不了对信息的签名。

4）签名生成的哈希值保证了数据的完整性。

5）哈希函数保证了数据不被篡改。

使用数字签名发送信息的过程如图 1-5 所示。

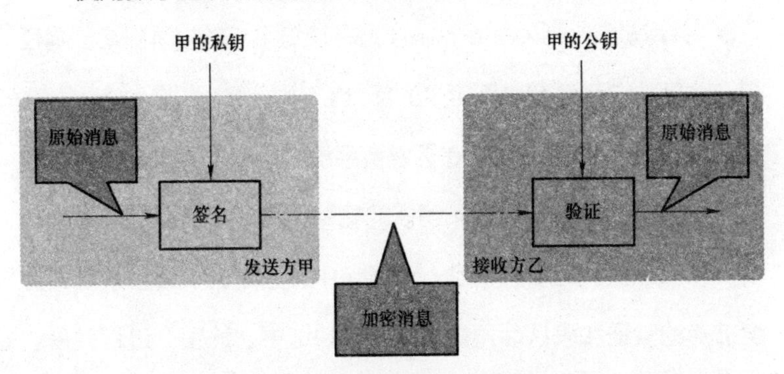

图 1-5　使用数字签名发送信息的过程

数字签名包括普通数字签名和特殊数字签名。普通数字签名算法有 RSA、ElGamal、Fiat-Shamir、Guillou-Quisquarter、Schnorr、Ong-Schnorr-Shamir 签名算法、Des/DSA、椭圆曲线数字签名算法（ECDSA）和有限自动机数字签名算法等。

特殊数字签名有盲签名、代理签名、群签名、不可否认签名、环签名、门限签名和前向安全数字签名等，它与具体应用环境密切相关。

在众多数字签名技术中，椭圆曲线数字签名算法是区块链技术中常用的数字签名算法。它使用椭圆曲线密码对数字签名算法（DSA）进行模拟。

1.13 共识机制

“共识机制”（Consensus）是区块链系统的技术核心，是任何一个区块链系统都必不可少的部分。

所谓的“共识机制”，是区块链系统中所有全节点都认可且遵循的一种对交易进行验证和确认的机制。在区块链系统中，每一笔交易都在被验证后打包到一个区块中，这个区块经过系统其他全节点的验证和确认后再被添加到区块链中。这整个过程就是达成共识的过程，该过程遵循的机制就是共识机制。

通俗地说，这有点像日常生活中的选举。当我们对某一个候选人进行投票时，每个投票人无论观点如何、立场如何、背景如何都要按照一定的投票规则去选候选人，如果按照标准所有投票人都选出了一致的候选人，那么就可以说大家达成了共识，共同选出了一名候选人。

比特币是第一个基于区块链技术的数字货币，其共识机制被称为“基于工作量证明”的共识机制。在比特币中每当系统中产生一个区块并被加入区块链中之后，系统中每一个全节点便开始对自己收集的交易进行打包，将打包的交易填入新的区块，并开始计算系统出的一道题。系统所出的这道题是给出一个数字，要求所有全节点构造出一个小于这个数字的数。一般来说，一个节点大概要花 10min 才能构造出这个数。在系统所有的全节点中，哪个全节点最先算出这个数，就会把这个数作为答案连同自己打包的区块向所有的全节点广播。当其他全节点收到这个全节点算出的答案后会验证答案是否小于系统所给的数字并且验证区块链是否有效。如果是，就会把这个全节点广播的新区块加入自己的区块链中，并停止计算，开始新一轮的计算，打包新的区块。

在这个过程中，每一个区块都凝结了某一个全节点所耗费的资源（比如计算机的算力、电力等）和所投入的计算量，因此每一个区块都可以理解为某一个全节点所花费的工作量的证明。这就是基于工作量证明的共识机制的由来。

实际上，现在所诞生的共识机制远远不止基于工作量证明这一种。

区块链技术的特点之一是去信任。这主要体现在区块链系统中交易的一方无须信任交易的另一方，也无须任何中心化机构介入，这种去信任的保障就是区块链的共识机制，即在一个互不信任的系统中，要想使各全节点达成一致的充分必要条件是每个全节点出于对自身利益最大化的考虑，自发、诚实地遵守协议中预先设定的规则，验证交易，打包区块构造区块链。区块链技术正是运用一套基于共识的数学算法在机器之间建立“信任”网络，并非借助中心化信用机构进行全新的信用创造。

现有的区块链共识机制主要有基于工作量证明的共识机制（PoW）、基于权益证明的共识机制（PoS）和基于代理权益证明的共识机制（DPoS）等。

基于工作量证明（PoW）的共识机制要求区块链系统中全节点通过计算随机数来竞争打包区块的权利。全节点计算构造出的随机数是全节点算力的具体表现，以比特币网络的共识机制最为典型。但这种共识机制造成了大量资源尤其是电力资源的浪费，因此很多新兴的数字货币不再采用该共识机制。

基于权益证明（PoS）的共识机制最先在点点币中应用，用于维护系统安全。与基于工作量证明要求全节点执行一定量的计算工作不同，权益证明要求全节点抵押一定量的数字货币才有机会获得区块的打包权。这种共识机制会根据每个全节点所抵押的数字货币的比例和时间，依据一定算法决定哪个全节点拥有区块的打包权。

基于代理权益证明的共识机制（DPoS）与我国的人民代表大会制度类似。我国的各级人民代表由人民投票选举出，并代表全国人民行使权力。同理，在基于代理权益证明的共识机制下，由数字货币持有人使用数字货币投票选举出一定数量的全节点代表，由这些全节点代表按照一定的规则打包区块、维持系统运行。数字货币持有人也可以通过投票罢免、任命和重新选举代表。

不同的共识机制对区块链系统在整体性能、安全性和去中心化等方面有不同的影响。一般而言，可以从下面四个方面综合考虑各个共识机制的特点。

（1）安全性　安全性即是否可以防止系统受到外来攻击和抵御内部全节点的作恶，是否有良好的容错能力。

（2）扩展性　扩展性即是否支持区块链系统全节点或性能的扩展。扩展性可分为系统全节点数量的增加和待确认交易数量的增加。

（3）性能效率　性能效率即从交易被记录在区块链中至被最终确认的时间延迟，也可以通俗地理解为系统每秒可确认的交易量。

（4）资源消耗　资源消耗即在达成共识的过程中，区块链系统整体所耗费的资源，包括内部资源（CPU、内存）以及外部资源（电力）等。

1.14 挖矿

挖矿这个词很多人乍一听都不会陌生，马上会想到挖煤、挖黄金等。但这个词近些年来在数字货币领域被赋予了新的含义。

在数字货币领域，所谓“挖矿”通俗地说就是数字货币发行的过程，即区块链系统中的全节点遵循一定的规则竞争获得区块打包权，将交易数据打包成区块，添加到区块链中，并获得数字货币的奖励，这个过程就被称为“挖矿”。

在比特币系统中，当某个全节点成功打包区块并得到确认后就会得到一定数量的比特币作为奖励。

在不同的数字货币系统中，由于共识机制不同，挖矿的方式也不同。

在基于工作量证明的共识机制中，全节点的挖矿能力一般和硬件的算力密切相关。以比特币系统为例，系统中每个全节点都是一台计算机，都运行比特币的客户端程序。哪个全节点计算机的算力越强，哪个全节点计算机就越有机会获得打包区块的权力，就能成功挖矿，得到比特币奖励。比特币全节点计算机的算力和硬件配置及设计密切相关。

在比特币问世初期，了解比特币的人非常少，因此运行比特币客户端的计算机也非常少，挖矿几乎没有什么竞争，一台普通计算机能比较容易地挖到矿。后来，随着越来越多人知晓比特币并参与比特币挖矿，竞争就变得越来越激烈。与此同时，由于比特币价格的一路高涨，挖矿变成有利可图的活动，因此，如何高效地挖矿成为众多爱好者钻研的项目。人们渐渐发现用显卡挖矿比普通计算机更高效，再后来有爱好者研发出了专门用来挖矿的特殊计算机，其挖矿效率比显卡还要高。这种特殊的计算机被称为“ASIC 矿机”。

由于天时、地利、人和的因素，我国在比特币挖矿方面处于全球垄断地位，全球有将近 90%的比特币矿机都由我国的四大比特币矿机生产商生产。这四大矿机生产商是比特大陆、嘉楠耘智、比特微和亿邦国际。

在比特币挖矿中，算力越强大的矿机对电能的消耗也越大，因此，除矿机的费用以外，电能的消耗就是挖矿的主要成本。由于挖矿成本一般比较固定，因此挖矿的盈亏更多取决于比特币币价的高低。

在基于权益证明的共识机制中，挖矿能力和硬件没有直接的关系。以正在研发中的以太坊 2.0 系统为例，任何一个满足基本硬件配置的设备，比如计算机甚至是手机在运行以太坊 2.0 客户端程序后，只要质押了规定数量的以太币，都有均等机会获得区块打包权，挖矿得到以太币奖励。

在基于代理权益证明的共识机制中，挖矿能力也和硬件没有直接关系。以知名的公链 EOS（Enterprise Operation System）为例，所有 EOS 数字货币的持币者都可以给任何一个全节点投票，所有全节点中得票最多的 21 个全节点成为有打包区块权的全节点，轮流在系统中打包区块并获得 EOS 数字货币的奖励。每隔一段时间系统重新投票选出 21 个得票最多的全节点进行区块打包。这 21 个全节点也只需要满足系统的基本硬件配置就可以挖矿。

比较上面三种典型的挖矿方式，在基于工作量证明的共识机制中，挖矿是各全节点之间通过获得尽可能高的硬件配置得到尽可能强大的算力来竞争区块打包权以获得挖矿收益的，挖矿效率完全取决于硬件配置，硬件配置越高对电力的消耗就越大，因此电能的消耗在挖矿成本中所占的比例很高。在基于权益证明和代理权益证明的共识机制中，全节点之间对区块打包权的竞争完全不靠硬件配置，而凭其他的机制来决定，因此电能的消耗在挖矿成本中所占的比例很低。这是这三种挖矿方式的典型区别。

1.15 分叉

在数字货币领域有个词经常出现，尤其是在 2017 年和 2018 年相当热门，它就是“分叉”(fork)。在大自然中，树木会分叉。一棵树在从幼苗慢慢成长的过程中，会长出很多分支，这些分支就是分叉。在数字货币领域也有类似的现象，一些数字货币在发展过程中由于种种原因从原来的体系中另外分出一个新的分支，与原有的数字货币在参数、特性等方面会有区别，这种现象叫作数字货币的“分叉”。

数字货币之所以会分叉，根本原因是其开发是自由、开源的，任何人都可以在一个数字货币原有代码的基础上对其进行改进，从而创造出一个新的数字货币。

一个数字货币系统要运转起来，通常会先由开发团队打包发布源代码，然后由矿工将发布的代码运行在矿机设备上。而分叉从开发团队打包发布源代码就开始产生了。

数字货币的分叉通常有两种形式，即硬分叉和软分叉。

1.15.1 硬分叉

硬分叉是指数字货币开发团队新发布的一版软件，对原有版本在系统参数、算法等方面进行了变更，导致仍然运行原有版本的矿工节点无法或拒绝验证运行新版本的矿工节点所产生的区块。

硬分叉的特点如下。

1）新版本软件无法兼容旧版本。运行新旧不同版本的矿工节点只能验证各自版本产生的区块。

2）原有数字货币分裂为两个，原有的区块链也分裂为两条，一条为原链，另一条为分叉后产生的新链。

当硬分叉发生后，没有运行新版本的节点仍然属于原有的区块链，其挖矿所获得的数字货币仍然是原有的数字货币。运行了新版本的节点则属于分叉后新产生的区块链，其挖矿所获得的数字货币则是新的数字货币。

比特币和以太坊在历史上就发生过硬分叉。比特币在硬分叉后形成了比特币和比特币现金（BCH），以太坊在硬分叉后形成了以太坊和以太坊经典（ETC）。

1.15.2 软分叉

与硬分叉不同，软分叉是指数字货币开发团队新发布的软件版本虽然进行了变更，但这种变更不影响运行原有版本的节点验证运行新版本的节点所产生的区块。

软分叉的特点如下。

1）新版本能兼容旧版本。

2）发生软分叉后区块链仍然只有一条，运行新版本的节点挖矿所得到的数字货币仍然是原有的数字货币。

1.16 区块链浏览器

区块链浏览器是一种区块链搜索工具，用户在区块链浏览器中输入区块或交易相关字段可以查到它们的详细信息。

以以太坊浏览器为例，在以太坊浏览器中可通过输入一笔交易的 ID 查询此笔交易的详细信息。

常用的以太坊浏览器有 etherchain.org 和 etherscan.io 等。

打开 etherchain.org 浏览器，界面如图 1-6 所示，箭头所指部分为搜索栏。

在搜索栏输入一笔交易的 ID，例如“0x2e11deefb41a3f5a32d6a661dbee42b653bcf4b31514fceed57087a01d980055”，输入完成后，按<Enter>键，搜索结果如图 1-7 所示。

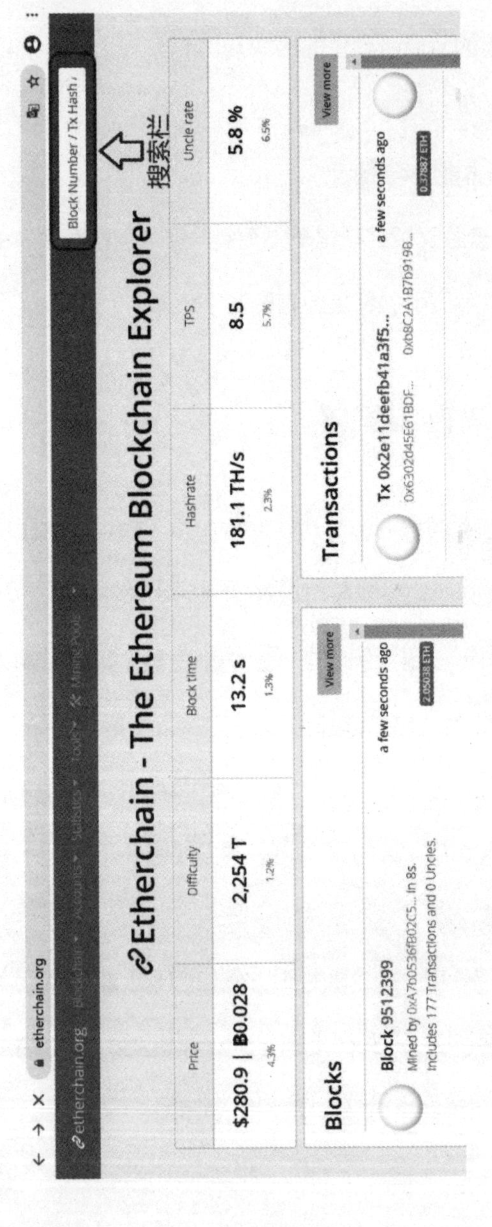
etherchain.org
Etherchain - The Ethereum Blockchain Explorer
Block Number / Tx Hash
搜索栏
Price
$280.9 | B0.028
4.3%
Difficulty
2,254 T
1.2%
Block time
13.2 s
1.3%
Hashrate
181.1 TH/s
2.3%
TPS
8.5
5.7%
Uncle rate
5.8 %
6.5%
Blocks
View more
Block 9512399
a few seconds ago
Mined by 0xA7b0536fB02C5... in 8s.
Includes 177 Transactions and 0 Uncles.
2.05038 ETH
Transactions
View more
Tx 0x2e11deefb41a3f5...
a few seconds ago
0x6302d45E61BDF...
0xb8C2A1B7b919B...
0.37887 ETH

图 1-6　以太坊浏览器

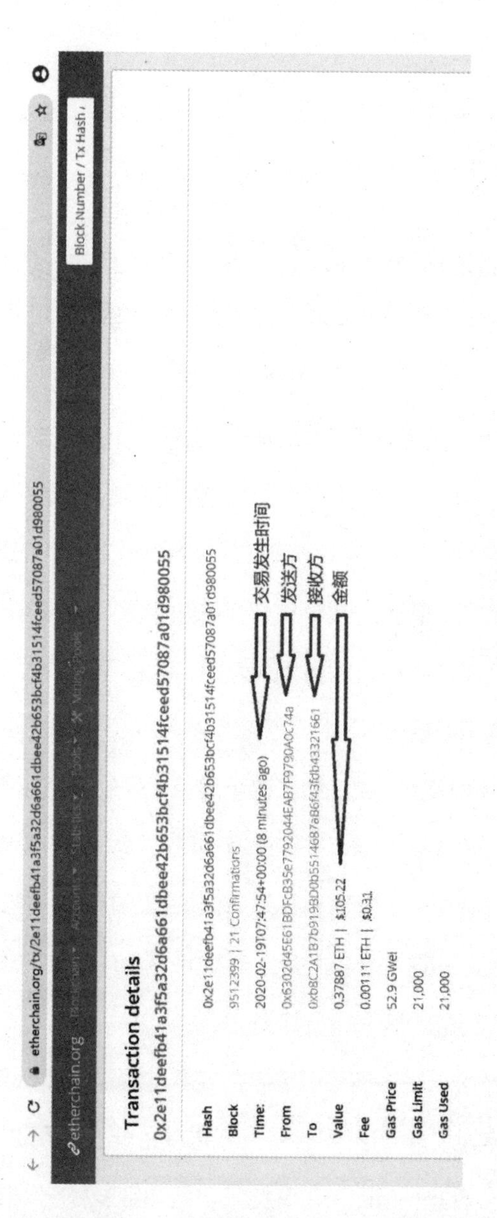
etherchain.org/tx/2e11deefb41a3f5a32d6a661dbee42b653bcf4b31514fceed57087a01d980055
etherchain.org
Block Number / Tx Hash
Transaction details
0x2e11deefb41a3f5a32d6a661dbee42b653bcf4b31514fceed57087a01d980055
Hash
0x2e11deefb41a3f5a32d6a661dbee42b653bcf4b31514fceed57087a01d980055
Block
9512399 | 21 Confirmations
Time:
2020-02-19T07:47:54+00:00 (8 minutes ago)
交易发生时间
From
发送方
To
接收方
Value
0.37887 ETH | $105.22
金额
Fee
0.00111 ETH | $0.31
Gas Price
52.9 GWei
Gas Limit
21,000
Gas Used
21,000
图 1-7 搜索结果

1.17 侧链

比特币在设计时着眼解决的就是线上转账支付的安全问题。然而直到现在为止，尽管比特币系统克服了传统中心化转账系统中的不少问题，但在性能方面仍然不尽如人意，最突出的就是交易效率低下。比特币每秒所能处理的交易只有 10 笔左右。不仅比特币，以太坊及其他数字货币也面临这样的问题。而传统的中心化交易系统，比如万事达卡或维萨卡（VISA 卡）每秒处理的交易则接近 2000 笔。因此，基于区块链的数字货币系统与传统中心化系统相比，其性能还有相当大的差距，这种差距极大限制了它们的用途和应用场景。

业内很早就有团队关注到了这个现象，开始研究如何提高这些区块链系统的交易性能，并在这方面进行了大胆的探索，提出了各种方案。其中一类方案是在原有区块链的基础上附加一条区块链，以拓展原有区块链的性能。在这种方案中，原来的区块链被称为主链，附加的区块链被称为侧链。

数字资产可以在主链和侧链之间安全地流通。侧链与主链的通信方式被称为“双向锚定”，是一方要以另一方的行动为标准。

例如，当要把一笔比特币从比特币区块链发往它的侧链时，把这笔比特币锁定在区块链的一个地址，然后在侧链上释放与这笔比特币等值的侧链上的通证。这就相当于比特币从比特币区块链“转移”到侧链上。

当要把侧链上的比特币转回比特币区块链时，只需要把侧链上流通的这笔侧链通证锁定在侧链的某个地址，然后原先锁定在比特币区块链上的比特币就可以被释放了。这就相当于比特币从侧链又“回到”了主链。

在这个过程中，有个很大的挑战，就是对锁定数字资产的监管，这也是侧链技术要解决的核心问题。目前，对锁定资产的监管有两种模式，即单一托管人模式与联盟托管模式。

（1）单一托管人模式　单一托管人模式顾名思义，就是由一个可信第三方机构来锁定和监管主链与侧链的资产。这个第三方机构既可以手动，也可以通过软件来执行监管操作。单一托管人模式的架构如图 1-8 所示。

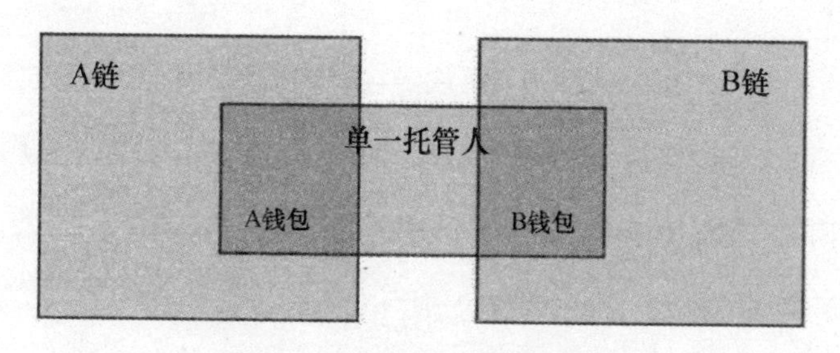

图 1-8　单一托管人模式的架构

单一托管人模式在执行效率上比较高，但是存在单点风险，即如果此托管人发生故障，则双方的资产就存在风险。因此，联盟托管模式应运而生。

（2）联盟托管模式　联盟托管模式的架构和单一托管模式非常类似，只不过托管机构由单一的第三方机构变为由多个机构组成的联盟进行决策。相对于单一托管人模式存在的单点风险，联盟托管模式大大降低了这种风险，让托管方式去中心化。在这种模式中，托管方由多个组织构成，每个组织都有投票权，只有当总票数达到一定的门槛时，资产的锁定和解锁才能被确认和执行。

目前，比较知名的侧链项目有比特币的“闪电网络”（Lightning Network）。

1.18 跨链

跨链技术也是一种拓展区块链性能的技术，也涉及到数字资产在两个不同区块链之间的流通。但与侧链技术中分为主链和侧链不同，在跨链技术中，两个区块链的地位相等。

跨链和侧链一样也要解决资产的锁定和释放。侧链用到的技术和模式也可以用到跨链中，但由于跨链出现得较晚，且此时已经诞生了大量支持智能合约的数字货币。因此，跨链大量运用智能合约对资产的锁定功能。

同样以比特币为例，如果在比特币和以太坊之间建一条跨链系统，它的结构如图 1-9 所示。

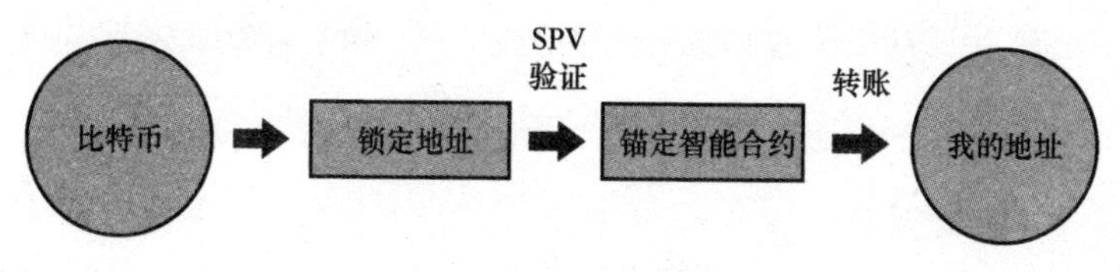

图 1-9 跨链系统结构

当用户把一定量的比特币在区块链上发到锁定地址锁定时，同步会把这笔交易的“简单支付证明”（SPV）发送给以太坊的一个智能合约地址。这个智能合约收到信息后会自动验证这笔交易的有效性，一旦验证成功且满足最终确定性要求时，自动在以太坊区块链上释放与比特币等值的以太币。当用户把等值的以太币发回该智能合约地址后，智能合约会验证这笔交易，然后给比特币区块链出具一份证明，证明等值的以太币已被锁定，然后比特币区块链就能释放被锁定的比特币。

在这个过程中，智能合约自动对交易进行验证和执行，使得整个过程无论在效率还是安全性上都显著提高。

跨链技术的知名项目有 COSMOS 和 POLKADOT。

COSMOS 是 Interchain Foundation 发起的开源项目。

COSMOS 专注于解决资产的跨链转移，其核心开发团队不仅开发了 COSMOS 还开发了 COSMOS 所采用的 Tendermint 共识引擎。Tendermint 是一个类似实用拜占庭容错的共识引擎，具有高性能、一致性等特点。

POLKADOT 是以太坊联合创始人 Gavin Wood 发起创立的，它通过中继链技术让数字资产在不同区块链之间流动。

第 2 章
区块链的特点

以比特币为典型的区块链技术主要特点有去中心化、去信任、数据的不可篡改、信息的可追溯、匿名性和自治等。

2.1 区块链的去中心化

所谓的“中心化”就是在一个组织或系统中，有一个中心化机构负责整个系统的调配和服务。系统中所有的个体无论做什么，进行什么活动，都要得到这个中心化机构的许可和命令。在典型的中心化机构中，“中心”和“个人”之间的关系如图 2-1 所示。

从图 2-1 中可以看出，“个人”无论收到什么信息或者有什么问题都要向“中心”反馈，而“中心”制定出规则后会分发到所有“个人”，由“个人”执行。

现有的互联网技术就是采用这种中心化方式工作的，即俗称的“客户端/服务器”（Client/Server）模式，简称 C/S 模式。在这种应用模式中，能为客户端应用提供服务（如文件服务、打印服务、通信管理服务等）的计算机或处理器，被称为服务器。与服务器相对，提出服务请求的计算机或处理器就是客户端。在这种系统中，服务器就是系统的“中心”，客户端就是系统的“个人”。

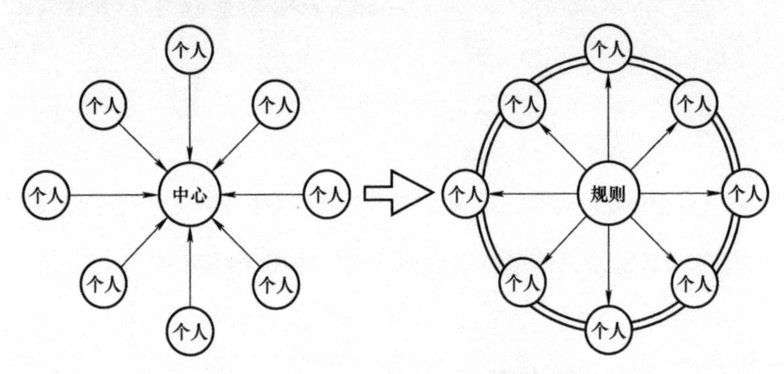

图 2-1　中心化机构中的要素关系

与现有互联网技术相对的，区块链技术是“去中心化”的，即在区块链系统中没有一个拥有特殊权限的中心化服务器或中心化机构。那么在这种没有中心化服务器的区块链系统中，由谁来提供服务，又由谁发出请求呢？在区块链系统中，每个全节点既是服务器也是客户端，且在系统中的权利和义务都是对等的。每个全节点既能作为服务器为需要服务的客户端服务，也能作为客户端向其他全节点提出请求。因此，在这个系统中就不存在拥有特殊权限的中心化服务器。这种模式也被称为基于点对点的模式，任一个节点宕机或者失效都不会影响整个系统的运作，因此，可以说区块链系统在架构上是去中心化的。

2.2 区块链的去信任

“去信任”是区块链系统的特点，也是与现有社会及商业组织架构相对的一个概念。

先来看看“信任”在现有社会及商业组织中是如何发挥作用的。仍然用传统银行转账的案例来说明。在传统的银行转账过程中，所有的交易最终都要提交到银行的中心化服务器进行验证和执行，交易的双方也都接受银行中心化服务器的处理结果，因此，双方都无条件信任中心化服务器。在互联网的“客户端/服务器”模式中，客户端的请求都会由服务器处理并接受服务器返回的处理结果，这也默认客户端必须无条件信任服务器。

而区块链系统中由于没有拥有特殊权限的中心化服务器，也就导致不存在信任某一个中心化机构或中心化服务器的情况，因为系统中任意一个遵循共识机制的全节点都可以被信任，都能作为服务器响应其他全节点提出的请求。

那么区块链系统是如何做到这一点的呢？或者说区块链系统是如何让任意一个全节点都可以被信任呢？它最根本的就是利用了非对称密钥、点对点网络、共识机制和博弈论思想等。如果激励系统中的全节点在参与系统运作时要获得利益最大化，就必须遵循共识机制，否则将付出巨大的代价，得不偿失。

2.3 区块链数据的不可篡改

区块链系统中的数据结构是由包含交易信息的区块按照时间顺序从前到后链接起来的，这个数据结构被称为“区块链”。在区块链中，除了创世区块之外，每个区块都指向前一个区块。

每个区块的区块头都包含一个名为“父区块哈希值”的字段，这个区块通过存储在这个字段中的值“链接”到前一个区块（父区块）。也就是说，每个区块头都包含其父区块的哈希值。这样区块链系统自创世区块起产生的所有区块便通过哈希值前后相连，形成了区块链。

由于每个区块的区块头里面均包含“父区块哈希值”字段，所以当前区块的哈希值也受到前一个区块（父区块）哈希值的影响。如果前一个区块的任意字段值发生变化，那么当前区块的哈希值也会跟着变化。

当前一个区块有任何改动时，其哈希值就会发生变化，同时迫使本区块的“父区块哈希值”字段也发生改变，从而又会导致本区块的哈希值发生改变。而本区块哈希值的改变又将迫使下一个区块的“父区块哈希值”字段发生改变。以此类推，后续的区块信息全部都要改变才能保证这条区块链有效。因此，一个区块链的规模越大，所包含的区块越多，对任意一个区块的篡改所引发的工作量也将越大。

同时，由于区块链系统中每一个全节点都存储着一份一模一样的区块链账本数据，因此，如果要对区块链数据进行篡改，需要具备全网至少 50%的算力。区块链系统规模越大，所包含的全节点数量就会越多，难度也就越大。

因此，从区块链数据本身的结构和存储区块链数据的全节点数两方面看，要有效篡改区块链系统的数据难度是相当大的。

这就是区块链数据不可篡改的由来。

2.4 区块链信息的可追溯性

区块链信息的可追溯性来源于区块链数据结构的特殊性。

在一个区块链系统中，其链式结构都是从创世区块开始的。创世区块是整个链式结构中的第一个区块，其后系统产生的所有区块都通过父区块的哈希值前后相连，并且最终都能追溯到创世区块。

由于每个区块都包含一段时间内系统进行的所有交易，因此，系统完整的区块链数据结构就包含了自创世区块以来系统中所有的交易及交易前后的关联信息，当追溯一笔交易时就能够顺着该交易所在的区块向前追溯所有历史区块的信息。此外，区块链信息的不可篡改特性使得记录在区块链中的历史信息可靠、可信，这也使得这种可追溯性可靠、可信。

这就是区块链信息可追溯的根本原因。

随着区块链技术的发展，在比特币之后出现了一类特殊的被称为“匿名币”的数字货币，在这类数字货币系统中，为了增强系统的隐私性和匿名性，系统隐匿了交易信息和账户信息，使得在这类数字货币系统中，交易信息无法追溯，是一类特殊的区块链系统。

而在传统的中心化系统中，所有的数据都存储在中心化服务器上，这些数据存在被篡改的可能，数据的真实性和原始性无法得到保证，因此，中心化系统很难做到类似区块链系统的信息可追溯。

2.5 区块链的匿名性

区块链的匿名性主要指在区块链系统中，参与交易的双方无须向任何一方以及系统公开其在真实社会中的身份信息。

以比特币为例，当用户希望创建自己的比特币账户时，需要下载运行一个合适的比特币钱包软件。在运行软件创建账户时，不需要填写任何个人身份信息，包括真实姓名、身份证号、住址等，只需要记住系统仅向用户公开的密钥或助记词就完全拥有并掌控这个钱包。有了这个钱包，用户可以向任意其他比特币账户转账或者接收来自其他比特币账户的转账。在转账过程中，既不需要向对方公开自己的身份信息，也不需要对方的身份信息。

这就是区块链技术最早的“匿名性”。

然而这种“匿名性”是有一定缺陷的。虽然在转账过程中，交易双方都不知道对方的身份信息，但是交易的信息（包括转账金额、转出账户、转入账户等）都能通过区块链浏览器查询到，是公开的。

举个例子，张三拥有比特币账户 A，李四拥有比特币账户 B，当张三给李四转账了 3 个比特币时，这笔交易信息全网所有人都能看到。大家看到的信息是账户 A 向账户 B 转账了 3 个比特币，只不过大家不知道账户 A 是张三的，也不知道账户 B 是李四的。

然而在现实生活中，监管机构总能够通过交易的追踪和关联推测账户 A 可能是张三的，账户 B 可能是李四的。因此，这种匿名性也被称为“伪匿名”，即不算真正的匿名。

早期的数字货币比如比特币、莱特币等都是如此。后来有些极客（多指对计算机和网络技术狂热钻研的人）为了将这种匿名性发扬光大，做到真正的匿名，基于比特币技术进行了大量的改进和创新，引入了多种隐匿交易信息的技术，创造了丰富多样的匿名数字货币，比如门罗币、大零币（Zcash）、古灵币（Grin）等。这些匿名数字货币极大丰富和增强了区块链技术的匿名性。

2.6 区块链的自治

区块链的自治主要指区块链系统在共识机制的作用下，激励新的全节点不断加入系统并参与系统的维护和运作。

区块链系统在没有中心化机构的运作和管理下，依靠共识机制就能让系统自我运作起来，以这种方式运作的系统类似自治的组织。比特币就是第一个这样的区块链自治性组织。由于比特币的功能比较简单，因此比特币系统的自治也比较简单。以太坊出现后，以太坊智能合约具备的“图灵完备”特性使得区块链系统能够处理复杂的业务逻辑，实现强大的自治功能。

近些年来出现的去中心化自治组织（DAO）就是基于区块链智能合约的一种复杂且具备自治特性的组织。在 DAO 中所有规则的制定、修改和执行都由智能合约按照预先设定的规则和参数运行。DAO 的运作完全不需要中心化机构的管理和干预，在运作的过程中也不受外界的干扰和阻碍，因此 DAO 极有可能发展成为继国家、公司、组织和个人以外的一种新兴的自治组织形式。DAO 的发展甚至有可能将区块链的自治性发挥到目前人们无法想象的地步，带来广阔的应用场景，产生巨大的商业价值。

第3章 区块链的分类

3.1 公有链

公有区块链通常简称为公有链或公链。公有链完全对外开放，任何人都无须授权就可以加入系统成为一个全节点。公有链中没有权限设定，也没有身份认证，并且系统发生的所有交易数据都是公开可查的，系统可被视为完全公开透明。比特币系统就是一个典型的公有链。用户想加入公有链，只需要下载并运行相应的软件客户端，便可以创建钱包、转账和挖矿等。

由于公有链没有中心化机构管理，其运行依靠的就是共识机制，一个良好的共识机制可以确保每个参与者即使在不信任的网络环境中也能够进行交易。通常说来，凡是需要公众参与，并且需要最大限度做到数据公开透明的系统，都适用于公有链，比如比特币、以太坊等数字货币系统。

公有链是最早也是目前受众最广泛的区块链之一。在公有链中，世界上任何个体或者团体都可以发送交易、参与共识，且有效交易能够获得该区块链系统的确认。

目前，比较出名的数字货币如比特币、以太币等都是公有链。这些数字货币的系统安全性很高且不受第三方监管。

尽管公有链在安全性方面表现突出，但目前由于技术上的限制，在系统交易性能方面还存在较大的问题。

3.2 联盟链

联盟链是指共识过程受到预选节点控制的区块链，即新节点加入系统需要一定的授权，区块的打包、系统共识由预选节点完成。预选节点指的是被联盟预先选定作为代表进行记账的全节点。

与公有链不同的是，联盟链系统中数据的读写受到一定权限的限制，尤其是写入权限，比如区块的打包受到严格的限制。这种区块链可被视为“部分去中心化”或者说“弱中心化”。联盟链适合用于机构间的交易、结算或清算等 B2B（Business to Business）场景。例如，银行间进行支付、结算和清算就可以采用联盟链的形式，将各家银行的网关节点作为记账节点。

联盟链通常适用于包含多个成员角色的环境中，比如银行之间的支付结算、企业之间的物流等，这些场景下参与系统的成员往往有不同权限。联盟链系统一般需要身份认证和权限设置，而且全节点的数量往往也是确定的。相比公有链而言，联盟链更适合处理企业或者机构之间的事务。此外，联盟链系统中不同的数据可以有不同的权限，比如政务系统中部分数据可以对外公开，部分数据不对外公开。

从使用对象来看，联盟链仅限于联盟成员参与，联盟的规模可以大到国与国之间，也可以是不同的机构企业之间。这个系统不完全对外开放，使用权限被限制在若干联盟成员之间。因此，全节点加入联盟链需要授权，或者说只有某些特定的全节点才允许加入联盟链。

相比公有链，联盟链的主要优点是结构灵活，交易的处理速度快。这是因为联盟链中的全节点数量和身份都已知并且已经规定好了，所以可以使用相对灵活的共识机制，从而使交易的处理速度相较于公有链显著提高。

由于联盟链一般是使用在明确的机构之间，因此全节点的数量和状态也是可控的，并且通常也采用更加节能环保的共识机制。

目前，联盟链的发展速度令人瞩目，正大规模应用在各个场景中。

尽管联盟链交易速度快，但相比公有链，其并不是完全去中心化的，因此，数据不可篡改的特点较公有链比较弱。理论上说，联盟链系统中的全节点可以联合起来修改区块链数据。

3.3 私有链

私有区块链通常简称为私有链。这是与公有链相对的一个概念。所谓私有，就是指该系统不对外开放，仅仅在组织内部使用，比如企业的票据管理、账务审计和供应链管理等，以及一些政务管理系统。私有链在使用过程中，通常有注册要求，即需要提交身份认证，而且具备一套权限管理体系。

在某些使用区块链技术的应用场景中，区块链系统的开发者并不希望任何人都可以参与这个系统，因此建立了一种不对外公开，只有被许可的全节点才可以参与并且查看数据的私有区块链，私有链一般适用于特定机构的内部数据管理与审计。

私有区块链仅仅使用区块链的分布式账本技术进行记账，系统中具备写入权限的全节点可以是公司，也可以是个人，甚至可以是某个公司或个人独享。在这种情况下，私有区块链与其他的分布式存储方案没有太大的区别。目前，有些传统金融机构在内部部署了一些私有区块链进行测试和运营。

一般来说，私有区块链中全节点的读写权限、记账权限等按联盟规则来制订。整个网络由成员机构共同维护，网络一般通过成员机构的网关节点接入，共识机制由预选节点控制。

私有链的特点是共识机制及技术架构可以完全自主定制，因此交易速度极快，同时隐私能够很好地得到保护并且交易成本极低。

在某些场景中，联盟链和私有链的区别并不十分明显，甚至有时候联盟链就是私有链。

在联盟链和私有链环境中，全节点的数量和状态通常是可控的，因此，在联盟链和私有链环境中一般不需要通过竞争的方式来筛选区块的打包者，而是采用更加节能环保的方式，比如权益证明、委托权益证明、实用拜占庭容错算法（Practical Byzantine Fault Tolerance，PBFT）等。

相比较公有链和联盟链，私有链更加不具备去中心化的特点。同时，私有链是可以被操控的，其数据也可以被修改，因此，系统遭到攻击及数据遭到篡改的风险较大。

第 4 章

区块链与新兴信息技术

4.1 区块链与物联网

4.1.1 物联网简介

1. 什么是物联网

物联网（Internet of Things，IoT）是在互联网的基础上综合利用射频识别技术（RFID）、无线通信等技术，构造一个“万物互联”的网络。在这个网络中，各种设备能够互联互通，无须人工干预和管理。其实质是通过网络让相互连接的设备实现信息互通及数据共享。

2005 年 11 月 27 日，国际电信联盟（ITU）发布了《ITU 互联网报告 2005：物联网》，正式提出了物联网的概念。这一概念问世后打破了之前将物理基础设施和 IT 基础设施分开的思维模式，将所有的硬件设施、设备包括公共设施（如钢筋混凝土、电缆）及通信设施（如芯片、宽带网）等整合为统一的基础设施。

自物联网的概念提出后，相关的软件和硬件技术开始迅速发展，到现在物联网的应用已经不再是一个概念，而是已经应用于人们日常生活中的技术。

近年来风行的“智能家电”就是一种物联网应用案例。通过在家用电器及各种家用设施上安装传感器、网络接口等，利用网络使这些设备互联互通并连接到外部互联网。在可见的未来，当技术进一步发展并成熟到一定地步时，这些家电将可能直接连到负责电器维护的服务中心，并通过传感器直接和服务中心进行通信，传递各种状态信息。负责运维的人员远在异地就可以实时观察家电的使用情况，并对各种状况进行及时处理。

除了智能家电，物联网技术还应用在一些重大基础设施项目上。

1）上海浦东国际机场的物联网安防。上海浦东国际机场的周界安防系统总长为27.1km。为了保障周界的安全，项目总共安装了将近 8000 个节点设备，用以对翻越和破坏围界的行为及时发出报警和警告，确保飞行区安全。这是目前国际上最大规模的周界安防物联网应用系统之一。

2）2009 年 9 月 22 日，第七届中国（济南）国际园林花卉博览会开幕。博览会主场馆济南园博园采用了基于 ZigBee 无线技术构建的无线路灯控制系统。采用这种技术控制的路灯既节能又环保，整个系统具备一定的智能化、人性化，成为此次园博园的一大技术亮点。

除此以外，在美国，有监狱管理系统采用 RFID 技术管理囚犯，对囚犯进行定位、追踪。

2．物联网的核心

物联网技术有 3 个核心，分别是终端感知层、网络传输层和云端应用层。

（1）终端感知层　终端感知层负责直接和外界感应和交互，它由各种软硬件系统组成，包含带有感知、控制和通信等能力的智能硬件。这里所谓的智能硬件可以执行和处理多种任务，而不仅是传统意义上的某种单一任务。比如，我们现在使用的智能手机，它不仅能打电话，还有上网、视频播放、音频播放等功能。

（2）网络传输层　网络传输层是整个物联网系统的信息流通管道，是系统的网络基础。这一层的核心是通信能力。在目前智能化的趋势下，越来越多的设备都具备了联网功能。当一台普通的设备联网后，它所具备的功能和提供的服务水平就会大大提升。在前面列举的“智能家电”例子中，如果一台冰箱连上了网络并直通电商平台，那么这台冰箱就可以实时监测里面存储的食物，一旦发现食物减少，便可以直接向电商平台下单采购，这样一来，居家生活的效率就能极大提高。

（3）云端应用层　云端应用层是整个物联网系统的大脑和中枢。在物联网中，“万物互联”的最终目的是将各个终端收集的信息和数据都传送到云端，在云端进行处理后再反馈给终端。例如，当消费者打开常用的团购 APP 下单点外卖时，点单请求会送到 APP 的云端进行处理，然后云端再向相应的外卖骑手发出指令，去指定的店铺取消费者下单的外卖并派送到消费者手里。

这 3 个核心层的结构图如图 4-1 所示。

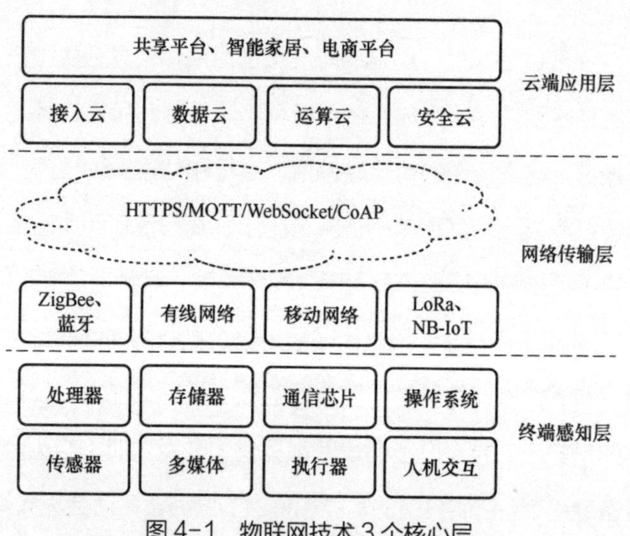

图 4-1　物联网技术 3 个核心层

3．物联网的瓶颈

当前物联网技术发展的主要瓶颈如下。

（1）网络传输层通信协议的不统一　目前，物联网的通信方案非常丰富，包括传统的有线网络、移动网络，近些年开始流行的近场通信方案（如 ZigBee、蓝牙等），新兴的低功耗广域网（如 LoRa、Sigfox 等），以及各种正在研发和推进中的新技术。就单个方案来看，这些方案都有一定的局限性，但将多种方案组合就为物联网提供了有效的网络传输基础。尽管如此，各种方案之间标准的不统一形成了大量小而专的碎片化专用网，这些专用网之间无法互联互通，难以形成规模效应，也增大了应用成本。

（2）终端感知层设备发展缓慢　这主要体现在传感器层面。传感器和执行器是物联网产品连接现实世界的关键。传感器和执行器种类的局限极大限制了物联网应用的丰富性和多样性。传感器是多种综合技术的结合，研发难度大、周期长。目前已有的各类传感器相对于人们理想中的物联网应用来说还远远不够。

（3）物联网项目整体开发难度大、成本高　这主要是和互联网应用的开发相比。互联网发展至今，其应用的开发流程和技术工具都已经非常规范和成熟。而物联网应用由于仍然处于早期阶段，各方面的标准、流程都还不完善，所涉及的技术门类也多，开发一个物联网项目所需的工程师包括服务端工程师、前端工程师、嵌入式工程师、硬件工程师、射频工程师、基带工程师和天线工程师等。这其中不乏跨度大、综合性强的技术，因此需要熟悉多种技术栈的开发人员。此外，物联网方案涉及的硬件和系统无论在横向还是纵向往往都存在碎片化的现象，使得开发的整体效率低、成本高。

（4）物联网应用缺乏颠覆性的创新和场景　物联网应用程序既依赖底层硬件也依赖上层软件。而现有的底层硬件和上层软件都有较大的局限，同时，物联网应用的发展也和其他前沿领域的信息技术，比如人工智能、大数据、区块链等密切相关，而这些前沿领域目前也处于发展初期，因此，这些因素一定程度上限制了物联网应用的拓展。

（5）物联网海量数据的存储与处理面临压力　人们憧憬中的物联网应用是“万物互联”，在那种场景下，大量的终端设备将产生海量数据，而对这些海量数据的存储和处理则需要综合、强大的系统。在目前的技术条件下，还无法开发出具备这样能力的系统。尽管业界一些巨头已经推出了一些方案，但这些方案在各方面还有较大的限制，适用场景也有一定的局限，因此，对物联网海量数据的存储和处理是这个领域的难题。

4．物联网带来的新机遇

当前国与国之间的竞争日益激烈，高科技产业作为重要的竞争领域一直都是各国争夺的焦点。而物联网作为高科技领域新的突破方向之一也备受关注，被视为未来经济发展的重要引擎之一。它不仅蕴含巨大的战略增长潜能，还能有效带动传统产业的转型升级和新兴产业的发展，将带来全新的机遇，主要表现在以下方面。

（1）理念和模式　物联网与现有互联网、移动互联网及其他领域的交互融合，将在理念和模式上创造更加开放的形态。在移动互联网开放理念的影响下，物联网和移动互联网的交互将不仅体现在具体技术的融合上，而且更多地将体现在架构和应用支撑体系的开放上，例如开发跨行业开放的支撑平台、形成统一开放的应用生态、提供开放的 API 接口、实现行业数据与功能的开放。

例如，受互联网开源软件的启发，近来越来越流行开源的物联网硬件。这类开源硬件项目不仅开放硬件设计图、电路原理图、材料清单、软件、集成开发环境，同时还提供丰富的硬件接口和配件资源库。在此基础上，开发人员能够快速生产或开发满足定制需求的硬件产品。开源硬件使得开发周期大大缩短，开发成本和风险大大降低。与传统模式需要 5 个月以上的开发周期相比，开源模式将开发周期缩短为 2 周到 1 个月。

（2）产业形态　物联网与现有各类技术的交互融合将促使开发人员开发出跨行业的支撑平台，创造跨行业、跨领域的综合生态和新兴产业。现在全球上百万移动 APP 中有关物联网的应用就已涵盖智能医疗、物流、交通、城市管理和家居等多个领域。未来还将有更多涵盖各领域、各行业的新应用出现。

（3）应用场景　物联网的终端感知层将随着各种终端设备的丰富和发展，创造出新的终端形态，催生新的应用场景。近年来各种可穿戴设备的发明和流行就是这方面的典型。比如 AR/VR 眼镜的出现创造了对虚拟现实场景的消费需求；各类手环和智能手表的出现颠覆了人们对传统手表的认知。这些新事物的出现不仅创造了新的市场，还带动了一批新兴创业公司的成长和发展，近年来各类智能手机创业公司的涌现就是这样的典型。未来，类似这样的创新和发明还将大量涌现，也意味着更多新兴公司和业务的涌现。

4.1.2　区块链与物联网的深度融合

1. 区块链与物联网的关系

区块链与物联网是一种共同促进、共同成长的关系。

（1）物联网需要利用区块链技术去中心化　物联网在技术上可以实现让各类终端设备具有网络接入和通信的能力。但物联网需要实现的不是仅仅让“万物互联”，还要让“万物互动”，也就是让海量接入的终端设备能够高效地进行互相通信，共享数据，并实施对这些设备的控制。

当前的互联网所采用的整体架构仍然是客户端/服务器模式

或客户端/云模式。在这种模式中，设备之间的通信都要先经过服务器和云进行处理再分发到客户端，因此效率低，成本高。尽管云计算出现后，其效率和成本比传统的服务器模式大大提升，但仍然没有从根本上解决这个问题。

在规模越来越庞大、因素越来越复杂的环境中，很多时候服务器对客户端的响应和处理需要及时和迅速，这需要利用直接的点对点通信模式和点对点组网来解决。现有互联网的中心化模式已经越来越难以胜任这类场景。

而区块链技术的出现则正好提供了有效的去中心化工具。只有进行有效的去中心化，让海量分布的各类设备能互相灵活地交换信息，及时对外界变化做出响应才能够更好地处理各种实时事件。这一方面能更好地发挥系统的功能，另一方面也能大大降低成本。

（2）区块链系统需要海量的终端节点　区块链系统的去中心化和安全性本身就需要大量节点参与系统的共识和运作。这不仅是组成区块链系统的必要条件，也是区块链系统安全和稳定性的保障。物联网则正好满足了区块链系统的这个需求。

（3）区块链系统需要物联网技术提升整体性能　当前区块链公链系统一个广受诟病的问题就是其交易性能低下。这一方面需要区块链技术本身在共识机制等方面进行改进，另一方面也需要物联网技术提供更高效的信息交换机制。

此外，区块链公链中的账本数据会随着时间累积，数据量越来越大，这对每一个区块链节点来说都是一个越来越沉重的负担。如何保存、管理和快速交换这些数据也是一个日益严峻的问题，这同样需要物联网技术对节点存储的海量数据提供有效的解决方案。

2. 区块链如何改变物联网

区块链技术和物联网技术的结合将在诸多方面改变物联网的现状。

（1）降低物联网的成本　现有的物联网架构仍然采用传统的中心化结构，对终端节点的响应由服务器或云服务平台进行处理。这种处理方式导致中心服务器或云平台在能耗和企业成本支出方面存在巨大压力，同时，由于任务的处理都要经过中心化服务器和云平台才能将结果反馈到终端，导致存在一定的时延，甚至错过事件处理的最佳时机，这使得系统整体的效率低下。

区块链的去中心化架构能让节点之间直接通信，在本地就能处理一部分任务，一方面提高了效率，另一方面也降低了对中心化服务器和云平台的性能要求，从而减少了成本压力。

（2）保障物联网的数据安全　物联网的中心化管理架构使其在信息安全方面存在一定隐患。在这种架构中，所有的数据都在中心化服务器和云平台上进行处理，一旦服务器或云平台出现故障，将导致数据永久丢失且无法恢复，这是中心化架构无法回避的问题。

区块链技术的分布式账本系统让每个全节点都有账本数据的备份，即便个别全节点出现故障和宕机，也不会损失数据，可以通过全节点间同步快速恢复。

（3）提升物联网的整体安全性　物联网的中心化管理架构在系统安全方面存在一定隐患。在物联网系统中，中心化服务器和云平台就像整个系统的大脑，一旦受到黑客攻击或出现故障，则整个系统就失去了“大脑”，就会瘫痪。而在区块链系统中，去中心化使得每个全节点都有一定的数据处理能力，不存在中心化服务器，因此，即便部分全节点遭到攻击或出现故障，也不会影响整个系统的正常运转。

4.2 区块链与大数据

4.2.1　大数据简介

1. 什么是大数据

大数据（Big Data）这个概念始于上世纪 90 年代，通常指在一定时间内难以用常规软件工具提取、管理、分析和处理的海量、复杂的数据集。大数据的“大”通常指数据的容量，并随时代的变化在不断变大。由于大数据的复杂性和多样性，往往需要专有的方法和技术才能从数据中提取有价值的信息和结果。

业界通常用 4 个 V（Volume、Variety、Value 和 Velocity）来概括大数据的特征。

（1）Volume　Volume（大量）是指全人类已经产生且即将产生的数据体量巨大。据国际知名咨询公司 IDC（国际数据公司）估计，到 2025 年，全球将产生 163ZB 的数据。这些数据都是大数据领域要处理的对象。

（2）Variety　Variety（多样）是指现有的数据种类繁多。大数据所涵盖的数据种类包括文本、音频、视频和图片等，而且随着新应用的产生，新的数据类型也在不断产生。要处理类型如此众多的数据，系统必须具备很强的数据处理能力。

（3）Value　Value（价值）是指数据的质量和价值。在大数据系统中，所获取的数据质量直接关系到数据处理和分析的结果。数据质量越高，分析处理所得出的结果和价值也越高。因此，在大数据领域，对数据的“提纯”非常重要。

（4）Velocity　Velocity（高速）是指数据产生和处理的速度。数据产生和处理的速度直接关系到系统的性能，关系到系统能否满足外在的需求和挑战。相对于日常的“小数据”，大数据的产生是实时、连续的，因此，大数据系统要有巨大的数据吞吐处理能力。

大数据技术的关键不在于掌握庞大的数据信息，而在于对这些数据进行专业的处理，也就是对大数据的“加工能力”，通过对大数据的“加工”实现数据的“增值”。

2. 大数据的核心

在大数据的处理过程中，其核心工作环节包括大数据采集、大数据预处理、大数据存储和管理、大数据统计分析和挖掘。

（1）大数据采集　大数据的采集和传统的数据采集有着明显区别。在传统的数据采集中，数据的来源单一，数据量相对于大数据较小，且传统数据的结构单一。而大数据的来源广泛，数据海量，并且数据类型丰富，包括结构化、半结构化、非结构化的各类型数据。

（2）大数据预处理　大数据的预处理主要对所采集的数据进行初步识别、提取和清理等操作，包括数据清洗（Data Cleaning）、数据集成（Data Integration）、数据转换（Data Transformation）和数据消减（Data Reduction）。数据清洗是指消除数据中存在的噪声及纠正不一致的错误；数据集成是指将来自多个数据源的数据合并到一起构成一个完整的数据集；数据转换是指将一种格式的数据转换为另一种格式的数据；

数据消减是指通过删除冗余特征或聚类消除多余数据。

大数据将预处理的数据划分为结构化数据和半结构化/非结构化数据，分别采用传统 ETL（数据抽取、转换和加载）工具和分布式并行处理框架来实现。这种架构如图 4-2 所示。

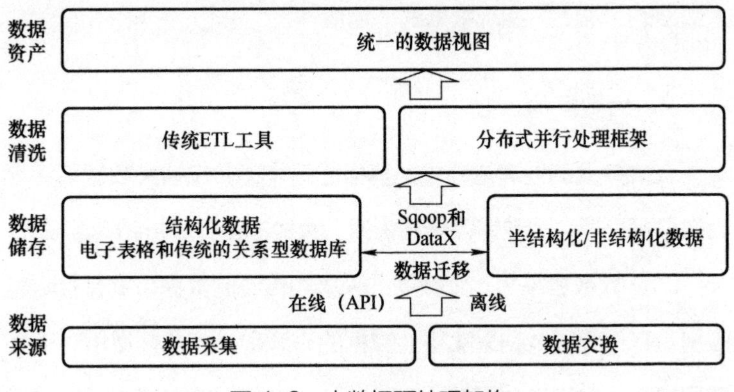

图 4-2　大数据预处理架构

结构化数据可以存储在传统的关系型数据库中。关系型数据库在处理事务、及时响应、保证数据的一致性方面有天然的优势。

非结构化数据可以存储在新型的分布式存储中，如 Hadoop 分布式文件系统（HDFS）；半结构化数据可以存储在新型的分布式 NoSQL 数据库中，如 HBase。分布式存储在系统的横向扩展性、存储成本和文件读取速度方面有着显著的优势。

结构化数据和非结构化数据之间的数据可以按照数据处理的需求进行迁移。例如，为了快速地并行处理，需要将传统关系型数据库中的结构化数据导入到分布式存储中。可以利用 Sqoop 等工具，先将关系型数据库的表结构导入分布式数据库，然后再向分布式数据库的表中导入结构化数据。

（3）大数据存储和管理　大数据的存储和管理主要是将预处理过的数据存储进相应的系统，建立相应的数据库，便于日后管理及分析。系统会根据数据类型的不同采用不同的方式进行存储和管理。

（4）大数据统计分析和挖掘　大数据的统计分析与挖掘是整个大数据处理的重点。

大数据的统计与分析主要利用分布式数据库，或者分布式计算集群来对存储于系统内的海量数据进行初步分析和分类汇总，以满足大多数常见的分析需求。统计与分析的主要挑战是分析涉及的数据量大，其对系统资源会有极大消耗。

而大数据挖掘一般没有预设的主题，主要根据实际需求在现有的数据上基于各种算法进行运算处理，起到预测效果，从而实现一些高级数据分析的需求。比较典型的算法有用于聚类的 Kmeans、用于统计学习的 SVM 和用于分类的 NaiveBayes，常用的工具有 Hadoop 的 Mahout 等。大数据挖掘的挑战主要是用于挖掘的算法很复杂，并且计算涉及的数据量和计算量都很大，常用的数据挖掘算法都以单线程为主。

3. 大数据的困境

目前制约大数据发展的典型问题如下。

（1）大数据的采集　在大数据的采集方面，关于数据的隐私如何保护、商业规则和法律规范如何制定等一系列法律法规都滞后于大数据科学的发展，不少大数据的采集方式都游走在灰色地带。

例如，在人们日常使用的各类互联网平台和工具上累积了大量用户的原始数据，理论上这些平台和工具的运营商在未获得用户授权的情况下是不能将这些用户的个人数据提供给第三方并用于牟利的，但实际情况却是他们将大量用户数据用于商业用途并从中获利。面对这种状况，很多时候用户却很难捍卫自己的数据所有权。

此外，还有大量数据源未被发掘，甚至包括政府部门在内的很多权威数据机构都存在数据缺失的问题。

（2）大数据的共享　大数据在共享方面，存在很大的障碍。在信息时代，数据本身具有价值，能够产生商业利益。在商业领域，数据的价值表现得就更加明显。目前，除了少数信息巨头由于其应用覆盖面广，掌握了大量消费数据以外，其他大量的中小企业所掌握的数据实际上是各自独立、碎片化的。这样不成体系的数据难以发挥作用，产生价值。但数据作为一种排他性的资源，独占数据的企业往往不愿意共享数据，这在一定程度上限制了大数据企业之间的合作，也限制了数据的共享，从而限制了数据发挥潜在的价值。

（3）大数据的系统　在大数据系统中，如何保障数据完整性、安全性是现在大数据应用中的一个棘手问题。在现有的大数据系统中，数据的存储和管理都是在传统的中心化服务器或云平台上进行的。一旦这些服务器或云平台出现故障，则有可能导致数据永久丢失且无法恢复。

4．大数据的价值

大数据技术在各行各业的响应、决策、预测等系统中扮演着重要角色，其价值主要有以下几点。

（1）利用大数据辅助决策　现代社会，商业活动日益复杂，形势发展瞬息万变，对企业而言，在这样的环境中生存和发展必须要适应环境的快速变化，及时作出决策响应。传统的决策系统对数据在采集、处理及反馈上反应慢、效率低，而大数据技术能够高效、快速地处理海量、复杂的数据，适应了现代商业活动的特点。这为企业提供了数据统计和分析的利器。运用大数据技术，数据分析师能够轻易地获取数据分析报告并指导产品的规划、生产和运营等全过程。利用大数据决策系统，产品经理能够完善产品功能、改善用户体验；运营人员可以定位客户群体、制订营销策略；高层可以通览公司的整体运营状况，了解市场环境，制订战略决策。

（2）利用大数据驱动企业内部运转　在企业的经营运作中，如何能够打通内部的各个环节，使企业能高效、快速地运转是所有企业永远追求的目标之一。利用大数据技术，通过对企业各类运营数据的高效分析和处理，能够及时发现企业的问题，找到问题的解决方案，运用数据驱动企业整体运转和经营的自动化、智能化。这将极大提高企业的整体效能和产出。

（3）利用大数据实现数据价值的变现　单纯的原始数据是没有价值的，只有经过科学处理，发现其中隐含的规律，挖掘未知的真相，产生新的知识才能产生价值。传统的数据处理技术不具备处理复杂、海量数据的能力，只有大数据技术才能处理信息时代海量的数据，发现数据的价值，挖掘潜在的商机。大数据技术兴起以来，业界已经涌现出大量的大数据公司，它们利用自己掌握的大数据，提供风控查询、验证和反欺诈等风控服务，以及导客、导流和精准营销等服务。实际上，现在信息技术领域的电商巨头及即时通信巨头就是世界上最大的大数据公司之一。这些巨头对用户进行的精准广告投放、精准营销都是应用大数据技术产生的结果。

4.2.2 区块链与大数据的深度融合

1. 区块链与大数据的关系

区块链和大数据都是新一代信息技术，尽管它们的概念不同，应用领域也有一定的区别，但它们是两种互补的技术。

（1）在大数据系统中需要区块链技术保障数据的完整性、真实性　现有的绝大部分大数据系统是把数据存储在中心化服务器或云平台上。但这些中心化系统一旦出现故障或遭到攻击，则其存储的数据将有丢失或遭到篡改的风险。

区块链去中心化分布式存储数据的方式能有效地保障数据的安全，防止数据丢失或被篡改。基于这个特点，将区块链技术利用在大数据系统中能极大加强大数据的安全。

（2）大数据中的数据分析和监测需要区块链技术　数据分析和监测是大数据系统的核心功能，它广泛地应用在各行各业中。比如在金融交易中，人们非常依赖大数据系统对金融风险进行分析和监测，要准确分析风险、及早发现风险，就需要完整、真实的交易数据。

区块链系统的账本中完整地记录着每一笔交易，并能对每一笔交易进行溯源。这使得金融机构能够对每一笔可疑的数据进行追踪，及时检测欺诈企图，使得交易的安全性最大化成为可能。

（3）区块链行业需要大数据的分析技术　由于数字货币及区块链应用的兴起，对区块链上数据的跟踪和分析也逐渐衍生出一个新兴的行业。由于公有链的账本记录着自创世区块以来所有的交易记录，因此，对这些交易记录进行分析能够看出交易的规律，以及区块链的成长、变化等信息。这对预测数字货币价格，区块链的应用程度、范围和领域都有重要的价值。因此，如何利用大数据技术对区块链交易信息进行跟踪和分析，让使用区块链技术的企业做出更好的决策就显得至关重要。甚至还由此催生了新兴的数据情报服务，以帮助金融机构、监管机构及政府更好地了解区块链中的交易方和交易状况。

2. 区块链如何改变大数据

区块链和大数据相结合能在诸多方面改善大数据发展的现状，主要表现在以下几个方面。

（1）提高数据存储的安全性　数据的存储是大数据处理数据的环节中重要的一环。现有的大数据系统无论是存储在中心化服务器还是存储在云平台，始终面临单点风险，当服务器或云平台受到攻击或出现故障时，数据就会丢失。一旦存储的数据丢失，则后面的数据分析及数据应用将无法再进行。

区块链去中心化、分布式的存储方式将使数据的保存不再面临单点风险，即便部分全节点存储的数据丢失，系统中其他全节点仍然可以提供完整的信息。

（2）改善数据质量　不同于大数据系统，在区块链系统中，数据一旦上链，被篡改的难度就会随系统全节点的增多、区块链规模的扩大呈指数级上升，因此数据的真实性和有效性就有了保障。可见，在区块链技术的助力下，大数据系统中的数据质量会大幅提高，从而提高大数据的最终价值。

（3）提高数据共享性、公开性　在大数据的应用中，各个企业之间往往由于竞争关系和商业排他性，导致各自的数据自成一体，形成大量的信息孤岛。孤立的信息无法发挥出信息的价值。一些行业的巨头企业往往拥有丰富的数据，这样的问题还不明显，但大量中小企业对碎片化、孤立的数据是无法发掘其中价值的。

在区块链系统中，数据可以通过联盟链的形式，整合多方数据匿名上链，实现多方数据共享。这就能打破大数据应用中的信息孤岛，打通数据的共享渠道，使数据的价值得到挖掘和发挥。

（4）保障数据隐私，维护用户的数据所有权　在大数据的应用中，数据主要存储在中心化服务器或云平台上，而中心化服务器和云平台都属于企业或公司。拥有这些数据的企业或公司往往会游走在法律的边缘，利用这些用户的隐私数据谋取商业利益，而用户对此却无能为力。

在区块链系统中，链上数据的所有权及交易双方的身份信息是匿名的，这打破了传统的数据系统中中心化服务器和云平台对数据的垄断，在一定程度上保障和维护了用户的数据所有权及用户的隐私。

可以预见，区块链与大数据的整合，在未来将是一个必然趋势。区块链将可以让大数据的发展和应用走向更广阔的场景。同时，借助大数据的东风，区块链也有可能更快地找到自己在现实中的落脚点，获得更好的发展。

4.3 区块链与人工智能

4.3.1 人工智能简介

1. 什么是人工智能

人工智能（Artificial Intelligence，AI）有时也被称为机器智能（Machine Intelligence），是指机器产生的智能，用来和人脑产生的智能相区别。通俗地讲，它是研究如何让机器能够模拟人脑的感知功能，“学习”并“解决问题”的学科。

人工智能是计算机科学的一个分支，它试图探究智能的实质，并使机器产生出类似人脑的智能。人工智能被确立为一门学科最早可追溯到 20 世纪 50 年代。1956 年，以麦卡赛、明斯基、罗切斯特和申农等为首的一批有远见卓识的年轻科学家在一起聚会，共同研究和探讨用机器模拟智能的一系列有关问题，并首次提出了“人工智能”这一术语，它标志着“人工智能”这门新兴学科正式诞生。

人工智能诞生后经历了若干次大发展，也经历了若干次大萧条。近些年来，人工智能的应用再次受到全球的高度关注。这些应用中尤其以近来新兴的高仿真机器人和屡次在人机围棋大赛中出尽风头的 AlphaGo 系统最让人惊艳。

人工智能之所以被确立为一门学科是因为人们认为人脑的智能是有规律可循并且可以被精确描述的，因此，可以用机器来模拟人脑的智能。人工智能研究的问题涵盖推理（reasoning）、知识表示（knowledge representation）、规划（planning）、学习（learning）、自然语言处理（natural language processing）和感知（perception）等。人工智能研究的领域包括机器人、语言识别、图像识别、专家系统和自然语言处理等。

人工智能常用的工具有统计方法、搜索算法、数学优化和人工神经网络等。人工智能通过这些工具发展出各种“算法”。“算法”是人工智能的核心。所谓的“算法”就是一系列机器能够准确无误执行的指令。复杂的算法由简单算法构建而成。很多人工智能算法能够从数据中学习，从策略和经验解中不断优化自身的算法，比如贝叶斯网络、决策树等。理论上，运行这些算法的系统如果在不限定时间、数据及资源的情况下，考虑所有的假设条件，通过学习就能处理一切状况，从而无限接近完美的算法。不过在实际应用中，有些条件是无须考虑的。此外，时间、数据及资源也是有限的，不可能取得完美的算法。因此，绝大多数人工智能算法都会利用有限的资源，在可能性最大的条件下寻求最优的结果。

人工智能从诞生以来，理论和技术日益成熟，应用领域也不断扩大，并且延伸到除计算机科学外的其他学科领域，比如心理学、经济学、语言学和哲学等。

人工智能致力于发展出一套系统让机器像人那样思考，并拥有超过人的智能。

2. 人工智能的核心

人工智能发展的 5 大核心领域有计算机视觉、机器学习、自然语言处理、机器人和语音识别。

（1）计算机视觉　计算机视觉是指计算机从图像中识别出物体、场景和活动的能力。计算机视觉运用由图像处理操作及其他技术所组成的序列，将图像分析任务分解为便于管理的子任务。

计算机视觉有着广泛的应用，包括：医疗成像分析，用于提高疾病预测、诊断准确度和治疗效果；人脸识别，用于自动识别人物，现在移动支付技术使用的刷脸支付就是人脸识别的一个典型应用。

（2）机器学习　机器学习指的是计算机系统的一种学习能力，它是指计算机系统无须遵照显式的程序指令，而只需依靠数据就能提升自身的性能。其核心在于机器学习从数据中自动发现规律和模式，而规律和模式一旦被发现便可用于预测。

2012 年，谷歌著名的科学家吴恩达带领团队用 1.6 万个处理器构建了全球最大的电子模拟神经网络，向其展示了自网络上随机选取的 1000 万段视频后，该系统在无人介入的情况下通过机器学习的方式自主学会了识别猫的面孔，这就是著名的“Google Cat”。这一成果当年震惊世界，这是机器学习的一个典型，也是一次重大突破。

实际上机器学习的应用范围非常广泛，它主要用于对大数据的处理，从中发现潜藏的规律，以及预测未来的趋势。现在机器学习是人工智能炙手可热的研究领域之一。研发出 AlphaGo 的公司就是专注于机器学习技术的公司。

（3）自然语言处理　自然语言处理是指让机器拥有人类的语言处理能力。比如从文本中提取语义，甚至从文本中解读潜藏的语义。理想状况下，一个自然语言处理系统在不了解人类处理语言方式的情况下，也可以用于处理文本。比如自动识别一份文档中所有被提及的人与地点，识别文档的核心议题等。

自然语言处理技术主要利用各种手段建立一种语言模型来预测语言表达的概率分布。通俗地说，它就是对一串给定的文本匹配最能表达它语义的技术。

（4）机器人　所谓的机器人，就是将机器视觉、自动规划等认知技术整合到体积极小性能却极高的硬件系统中，这个系统就被称为机器人。它在某些方面与人类有同样的能力，甚至超过人类。机器人能在各种未知环境中灵活处理不同的任务。广义地说，无人机、自动驾驶汽车都可以算作机器人。

（5）语音识别　语音识别是能够自动且准确地转录人类语音的技术。语音识别系统必须要能处理不同的口音、背景噪声，区分同音异形/异义词等，同时还需要跟上正常的语速。语音识别主要应用在医疗听写、语音书写、计算机声控和电话客服等系统中。比如打电话时遇到的语音服务系统就是典型的语音识别系统。

3. 人工智能的困境

人工智能技术有极大的商业前景和使用价值，但目前它的发展面临以下几个困境。

（1）缺少训练数据　在几乎所有的人工智能细分领域，算法的进化和迭代都离不开数据，需要使用大量数据对算法进行训练。

在前面的例子中，“Google Cat”经过学习能够识别猫的面孔。但取得这个惊人成绩是有一个关键前提条件的，就是它在网上学习了 1000 万段视频。如果换一个领域，没有这样海量的数据来训练算法，这个“Google Cat”是没有办法变得如此“聪明”的。

实际上在绝大多数领域，商业利益及竞争中存在的各种壁垒，使得真正能公开、共享的数据非常少。此外，现有技术对数据采集和存储能力的限制也使大量数据遗失且无法被利用。这些不足和门槛都使人工智能算法即便被研发出来，也缺乏足够的数据来训练它。这就像现实生活中的“巧妇难为无米之炊”。

（2）应用成本高　技术的限制使得人工智能的应用成本相当高，难以普及。目前，有不少看起来非常前沿的人工智能应用仍然处于一种“叫好不叫座”的阶段。这些应用目前主要处于研发和展示阶段，高度依赖于国家技术、军备战略及巨头资本的推动，一旦离开资金的支持，真正能够实现自主造血的非常少。

前面列举的 AlphaGo 就是一个典型。它在 2017 年 5 月以 3 比 0 的总比分战胜排名世界第一的世界围棋冠军柯洁，被公认实力已经超过人类职业围棋的顶尖水平。

然而取得如此骄人战绩的背后是海量的资金投入。AlphaGo 的研发团队隶属于谷歌的子公司。据该团队 2018 年的财报显示，其在 2018 年亏损额达 4.7 亿英镑。如果没有谷歌雄厚的财力加上不遗余力的支撑，是不可能取得如此亮眼的成绩的。

（3）离通用人工智能还很远　所谓的通用人工智能是指通过建立一个通用的模型，可以处理各种各样的问题。人类的大脑就是一个通用的智能，具有语言功能、运动功能、视觉功能和听觉功能等。

而现阶段的人工智能，都是针对某一特定领域的算法或模型，比如图像识别、语言识别、运动控制等。在这些特定的问题上，人工智能带来了惊人的表现，但是一旦离开特定的领域，这些算法和模型的性能就会大幅度下降甚至毫无用处。

要实现通用人工智能则意味着要提高人工智能的泛化能力。所谓泛化能力，是指算法对于新样本的适应能力，即对于未知的数据也可以得到很好的效果。在迁移学习中有这样一个例子，工程师使用欧洲人的面部表情图片来训练一个模型，然后用来识别其他欧洲人的面部表情，识别结果通常不错，但如果用来识别亚洲人的表情，结果就会相差很远，这就是模型的泛化能力不够。

4．人工智能的价值

人工智能技术在各行各业中有着广泛的使用场景，具有极大的商业价值，主要表现在以下几点。

（1）辅助决策　人工智能的核心能力之一就是能借助数据进

行自我学习和进化，从而发展出一套接近真实状况的算法，并用这套算法处理新的数据、新的样本，从而帮助人类在面对未知的状况时给出决策建议，这将比人类单纯依靠自身经验进行决策要有效得多。

此外，人类在进行决策时往往会受到情绪的干扰，有时无法用理性思考，从而导致做出错误的判断和决策。天然没有情绪的人工智能总是理性地面对周围的环境，快速而冷静地处理来自各个角落的信号，严格按照数据分析给出理性的决策。

人工智能不仅能辅助人类决策，还可以成为人类决策执行的放大器，它的执行能力大于人类，在效率上和力度上比人类更强。

人工智能较早落地应用的一个领域是医疗。在 20 世纪 70 年代初，美国斯坦福大学开发了一套叫作“MYCIN”的专家系统。其功能是对感染性疾病患者进行诊断并开出抗生素处方。这套系统内部共有 500 条规则，用户只需按顺序依次回答提问，系统就能自动判断出病人所感染细菌的类别并为其开出相应处方。经过测试，“MYCIN”对菌血症、败血症、肺部感染和颅脑感染等方面的诊疗水平在当时已超过了该领域的一些专家。而近年来，美国 Memorial Sloan Kettering 癌症中心正在与 IBM 合作，引入“沃森”技术，开发医疗研究应用程序，帮助医生为病情特殊的患者选择最佳的治疗方案。癌症中心的研究人员和 IBM 的工程师一起，向“沃森”传输大量与病情、治疗方案和治疗结果有关的数据，利用“沃森”分析这些数据，找出隐藏的模式和相关性。研究人员希望“沃森”能帮助医生做出有效的诊疗方案，对其进行临床试验然后公布试验结果，并将这种新的治疗方案介绍给全世界的医生。

（2）实现系统的自动化　人工智能够实现对人脑的模拟，这个特点使其能够很好地对复杂的流程操作进行控制，防止因细节问题而导致机器故障，保持流程运行稳定，减少不必要的经济损失。它能够有效促进设备的远程操控以及程序化控制，同时，还能方便地对故障进行及时维修与检测，提高工作以及运行的效率，降低操作成本。

此外，人为的操作还容易在操作过程中因人的情绪、非理性判断等而引起人为故障。而人工智能则排除了这些非理性因素的干扰，尤其在对复杂系统和设备进行操作时可以避免因不当操作导致的故障和损失。

因此，人工智能在操作方面能有效处理各个环节的对接，实现全流程的一体化和自动化，从而有效降低对人的需求，一方面降低成本，另一方面提高操作的效率和安全性。

目前该领域非常具有前景的应用就是利用人工智能进行无人驾驶。中国自主研制的无人车——由国防科技大学自主研制的红旗 HQ3 无人车，2011 年 7 月 14 日首次完成了从长沙到武汉 286km 的高速全程无人驾驶试验，创造了中国自主研制的无人车在一般交通状况下自主驾驶的新纪录，标志着中国无人车在环境识别、智能行为决策和控制等方面实现了新的技术突破。在全程 286km 的试验中，无人车自主超车 67 次，途遇复杂天气，部分路段有雾，在咸宁还遭遇降雨。无人车全程由人工智能系统控制车辆行驶速度和方向，系统设定的最高时速为 110km。在试验过程中，实测的全程自主驾驶平均时速为 87km。该车在特殊情况下进行人工干预的距离仅为 2.24km，仅占自主驾驶总里程的 0.78%。这展现了人工智能在该领域的巨大潜力和价值。

（3）协助人类发现未知的知识　所谓的知识发现是指从各种信息中，根据不同的需求发现和提取知识。知识发现的目的是向使用者屏蔽原始数据的繁琐细节，从原始数据中提炼出有意义的、简洁的知识，直接向使用者报告。它主要研究如何在互联网环境下对大规模低层原始异质数据进行有效处理、特征抽取、模式匹配以及信息组织等，以发现数据中存在的隐式关联以及依赖关系，从而识别出有效、新颖、存在重要潜在价值的数据，并最终提炼出可被人为理解的高层次语义知识。

人工智能可以利用知识库（包括各个实体信息以及各自之间的关联信息）理解基于自然语言传递出来的需求，更好地基于知识做推理，同时，可以把各种碎片化的信息变成结构化的信息，从而发现新的语义。

4.3.2 区块链与人工智能的深度融合

1. 区块链与人工智能的关系

区块链和人工智能在信息技术领域都是极具前景和发展空间的。尽管它们的概念不同，研究方向迥异，但区块链技术的开放性和对数据安全的保障对人工智能技术有极大的补充和扩展。

（1）人工智能中数据源的安全性和完整性可以利用区块链技术进行保障　人工智能算法需要用到大量数据进行学习和进化。这些数据现在绝大部分都存储在中心化服务器或云平台上，一旦丢失或遭到篡改，则人工智能算法算出的结果的效用将大大降低。前面提到的 AlphaGo 战胜围棋世界冠军依靠的是学习历史上大量对局的原始数据才得出的算法和对策。无法想象这些原始数据如果丢失或遭到篡改，AlphaGo 怎么能够取得如此骄人的战绩。而对数据安全性和完整性的保证正是区块链技术的强项和特点。

（2）人工智能对数据源的广泛需求可以利用区块链去中心化的机制来协助和激励　目前，人工智能搜集数据的主要方式依然严重依赖中心化机构。前面列举的“Google Cat”用于学习的 1000 万段视频几乎都是从互联网视频巨头 YouTube 上获取的。

如果没有 YouTube 提供的数据，很难想象这套系统能够在短时间内如此高效地获得这些数据作为数据源。在这个例子中，YouTube 这一家机构提供的数据足够用，然而在更多的例子中，单靠某一个或多个中心化机构是很难提供满足人工智能学习所需要的数据的。而区块链公链是个开放的系统，可通过共识机制激励无须信任的节点参与系统活动，汇聚各个节点的资源共同维护这个系统的安全和发展。这种特性将有希望帮助人工智能摆脱目前面临的数据源有限和数据单一的窘境。

（3）人工智能对计算能力的需求日益增长，已经使传统的中心化平台不堪重负　区块链的去中心化机制将有希望通过共识机制激励和汇聚零星、海量的计算能力为人工智能提供强大的计算能力。在人工智能系统中，对数据的处理和运算是整个系统的核心，没有强大的运算系统，人工智能无法从海量的数据中发掘、提取有价值的信息和知识。现在的人工智能系统主要依靠云计算平台处理数据。虽然云计算技术在飞速地发展，但面对计算能力需求的增长仍然渐渐显得落后。此外，人工智能对运算能力的需求在现阶段只能依靠中心化平台解决，这也导致人工智能系统的成本居高不下，难以普及和商用。而区块链技术通过共识机制激励节点贡献自己的资源参与系统的运作。这一特点有望被用在人工智能系统中，汇聚大量闲置、廉价的资源组成强大的算力支撑系统的运算。

2. 区块链如何改变人工智能

区块链和人工智能相结合能在诸多方面改善人工智能的发展现状，主要表现在以下几个方面。

（1）提高人工智能输出结果的有效性　区块链技术利用去中心化的方式使系统中每个节点都存储一份同样的账本数据，同时，利用非对称加密技术保障数据的安全，这使得区块链系统中的数据有着其他技术难以比拟的安全性和防篡改特性，也让人工智能系统输出的知识和结果更可信、更有效。

（2）扩展人工智能的数据源　区块链公有链技术是个对外开放的技术，它通过共识机制激励无须信任的节点不经过审核就可以参与系统。这可以用来扩展人工智能的数据源，使得数据的获取不再单一依赖某个机构或某个平台。只要激励机制设计得当，就会刺激海量的节点加入系统，向系统贡献自有的数据。这必将刺激大量未知的数据被释放，让人工智能发现更多新的知识，在各行各业发挥更大的作用、产生更大的价值，从而得到更多的认可。

（3）提高人工智能系统的性能并降低成本　区块链技术利用共识机制激励节点无须审核就能参与系统运作、贡献算力，这为解决人工智能算力不足以及成本高昂的问题提供了一个极具前景的解决方案。实际上，已经有团队在这方面进行了大胆的探索。比如，有的团队利用区块链技术致力于创建一个分布式的人工智能计算平台，激励来自世界各地的用户分享用于人工智能的多余计算能力。在这个平台上，世界上任何人都可以为项目贡献额外的计算能力并以此获得通证的奖励。由于系统中节点贡献的算力都是多余的算力，因此成本低廉，理论上能够极大降低人工智能的算力成本。

第5章

区块链的应用场景

当前，区块链的应用已经从最初的数字货币扩展到社会的各个领域，构筑了“区块链+”的应用生态。

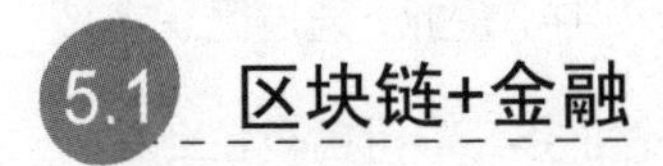

5.1 区块链+金融

区块链技术所具有的不可篡改、去中心化、去信任化、可追溯和可编程等特点可以很好地解决当前金融领域存在的部分痛点。

目前，金融系统中由于各部门的信息割裂容易形成信息孤岛，导致金融机构在查询交易、搜索数据及分析金融数据的过程中需要耗费巨大的成本。借助区块链技术，金融交易中的相关方可以将各自相关的数据上传至共享的联盟链系统，打破信息壁垒，降低处理成本。此外，区块链技术的不可篡改性和可追溯性可以保障交易数据的安全性和可靠性，使得交易双方不再需要耗费大量成本和预先建立信用关系，提高了交易效率。区块链的智能合约技术可以根据交易方事先约定的条件自动执行交易，并在交易过程中自动触发对交易违规行为的监测及反制，在很大程度上能防范金融违约的风险。目前，区块链在金融方面的应用已经囊括银行、证券、保险和基金等各个领域，主要涉及到征信、信用证、资产证券化、供应链金融、清结算、资产托管、金融监管、审计、票据、保险和贸易金融等方面。

例如，某科技公司联合中小银行互联网金融联盟（IFAB）共同打造的基于区块链的 IFAB 贸易融资网络，已于 2019 年 3 月上线。IFAB 贸易融资网络连接各银行和中小企业，通过区块链技术帮助企业与银行更好地开展贸易融资业务。银行自有企业客户可通过本银行的银企端接入 IFAB 贸易融资网络，客户数据保存于本银行单独的系统中，不在银行间共享；而 IFAB 贸易融资网络的新企业用户则可通过市场平台（Market-Place）认证后接入网络，IFAB 贸易融资网络可根据其业务特点及自身情况自动匹配银行，提供精准融资推送服务，帮助其获得更好的融资体验，银行也可以高效获得优质客户。

5.2 区块链+政务

在政府部门的日常政务处理中，不同部门数据的分割和孤立会导致政务效率低下，如果能把一些数据在内部多个部门间共享、归集，将一些数据与人民群众及企业间建立有条件的共享、归集，则可以大大提高政务效率，让内部各部门之间提高数据的使用率，让人民群众及企业少“跑腿”。

在数据共享及归集的过程中可以灵活运用联盟链和智能合约的方式对数据共享权限进行控制和设定，明晰数据的归属、使用方和共享交换部门的数据权责，记录和存储数据交换的过程。其中，政务管理部门充当审批、调度、协调和仲裁的角色，对不按照规则存储、维护和使用数据的部门进行责任追溯并对其中的违规、不合理行为进行责任追溯。这样既保障了数据安全和隐私，也使数据使用率得到最大化。

2018年8月，深圳开出了全国首张区块链发票。区块链+电子发票的组合，大幅降低了税收征管成本，也丰富了税收治理手段，并将有效打击传统电子发票模式下难以根绝的偷漏税问题。一直以来，我国采取“以票管税”的税收征管模式，需要用繁复的技术手段确保电子发票的唯一性，这在无形中提高了社会成本。而区块链技术在低成本的前提下，同时实现了电子发票的不可作伪、按需开票、全程监控和数据可询，有效解决了发票造假的问题，真正实现了交易即开票，开票即报销。

5.3 区块链+司法

随着互联网信息化的发展，在司法领域，传统的证据形态有被新型的电子证据取代的趋势。与传统证据相比，电子证据存在更易被篡改、更易被复制、更易灭失等先天不足。与此同时，区块链具有去中心化、防篡改、可溯源、可信赖等特性，这决定了其在司法领域具有广泛而独特的应用价值。

在司法取证领域，由于电子证据的复杂性、多样性、易失性，以及取证的技术性、可认定性，“取证难”成了一个现实问题。应用区块链技术可以使取证通道更加畅通。

在司法存证领域，可以由公证机关主导区块链存证体系，将部分线下公证事务转为链上公证，使其保真保存，具有可信性。

在司法示证领域，如果司法取证、存证环节切实得到了保真、防篡改的保障，那么示证环节就可以高效、直观、方便地展示证据。

除司法取证、存证、示证领域之外，区块链技术在法院内部也具有广泛的应用场景。例如，电子卷宗、电子档案、裁判文书防篡改，办案过程中重要的操作记录、文件、数据防篡改及干警档案防篡改等。

2018 年 6 月，杭州互联网法院宣告审结区块链电子证据“第一案”。原告将电子证据的哈希值存储在了区块链上，这一证据随后被法院认定为“上链后‘保存完整，未被修改’”。在区块链技术出现之前，电子合同行业使用的签名证书，大多通过具有公信力的 CA 机构签发，签署时需要通过电子签名、时间戳等技术对签署主体进行身份识别，防止篡改合同。但在区块链技术出现后，电子数据的生成、收集、传输和存储全生命周期，都可以借助区块链实现数据的安全防护，即防篡改、修改留痕等，电子证据的保真成本大大降低。

5.4 区块链+企业管理

随着互联网和信息技术的发展，现代企业的规模越来越大，部门越来越多，公司的运作方式也越来越呈现出分布式的办公形式。在这种情况下，公司内部需要协调位于不同地域的多个部门，多种业务之间的顺利运作显得越来越重要，也越来越棘手。这对企业内部多种流程的管理提出了越来越高的要求。

虽然企业信息化技术（比如 ERP）在企业管理中有着广泛的

应用，但是其效果往往并不理想，根本原因在于没有达成一致协调的工作方式。

区块链系统中节点数据的一致性及节点之间依靠共识机制共同完成任务的方式就给这些问题的解决带来了极大的希望。比较典型的就是公司内部各单位可以将相关数据上传至内部联盟链上，便于公司对供应链、票据资金流等进行统一的追踪、监管和审计，并利用区块链技术进行结算，提高结算的效率和降低结算的成本，同时，也可以使内部的流程更加便利。

在这方面，南京某区块链公司进行了大胆的尝试，在集团内部的联盟链上向集团内部成员发行一种记账式通证，发行通证的总数量根据企业全部资产的规模和经营数据而定，然后使用该记账式的通证来实现企业内部结算和内源融资。该方案是企业内部银行结算和融资方式的一次全新尝试，它的应用场景主要包括集团成员单位间的结算和融资、向集团内部单位员工融资、企业集团各成员单位与供应链上下游公司之间结算等方面。这种通证有别于传统的记账式凭证（如国际货币基金组织发行的用于其成员国之间结算和融资的特别提款权），它基于区块链技术，可以在很大程度上解决传统记账凭证的信任性问题，提高结算效率，降低结算成本，有着广泛的应用前景。

5.5 区块链+游戏

2018 年，我国游戏市场实际销售收入达 2144.4 亿元，同比增长 5.3%，占全球游戏市场比例约为 23.6%。2018 年，我国自主研发的网络游戏市场实际销售收入达 1643.9 亿元，同比增长 17.6%。但我国游戏产业在整体收入上的增幅明显放缓，需要在精细化运营上寻找突破口。

游戏本身作为一种纯线上业务被很多业界人士认为是天然能与区块链技术无缝衔接的产业。

游戏产业目前面临的最大问题就是游戏运营商在运营过程中出于商业利益而肆意篡改游戏规则和变更游戏道具属性。而区块链技术防止数据篡改的天然属性恰恰能解决这个痛点。不仅如此，区块链技术去中心化的特征还能够减少游戏的中间环节，让玩家与玩家之间以及玩家与游戏开发商之间实现直接对接和结算，这样既降低了中间环节的运营成本，提升了玩家体验，也形成了自己的游戏生态圈。

在 2017 年年底，以太坊上上线了一款名为“加密猫”（CryptoKitties）的游戏。这款游戏每隔一段时间就会自动产生一些拥有独一无二特点的猫。玩家可以买这些猫，然后配对、繁育小猫。在这个游戏中，由于每只猫都是按照以太坊上的 ERC-721 标准编制的，其特点无法篡改，并且一旦被玩家拥有，任何人都无法剥夺其所有权，除非被玩家卖掉。

5.6 区块链+版权保护

互联网技术的发展把人类的生活带入一个数字化的时代，纸质书籍和音像制品的数字化使得内容的传播数据量更大、速度更快、互动性更强、成本也更低，但是带来的问题却是对数字版权的维护更加困难。各类电子版书籍和音像制品的非法复制品在网上肆意传播，使得作者的版权受到侵犯——“确权难、收益难、维权难”等问题相当突出，此外，还存在着版权在实际分销中难以量化、分发的窘境。

区块链技术的时间戳和数据不被篡改等特性，可以有效地保护数字版权。通过区块链将版权内容的登记、交易、授权及分发全过程上链，可以对版权的归属进行清晰的界定，对侵权行为进行监控，发现问题及时报警，能够更好地对版权进行保护，让内容生产者利用版权内容科学、便捷地赚取收益。

国内某大型电商集团旗下的区块链版权保护平台便是这样一例。该区块链版权保护平台基于区块链 Baas（区块链即服务）架构，支持一站式 API（应用程序接口）接入，并提供可视化界面，为作品内容生产机构或内容运营企业提供原创登记、版权监测、电子证据采集与公证、司法诉讼等全流程服务。

5.7 区块链+大数据及数据隐私

互联网的发展带来了数字化的世界，大量的线上活动，比如购物、搜索、娱乐等，每时每刻都在形成数据。这些海量的数据隐藏着巨大的商业价值。如何发掘、处理、分析和应用这些海量的数据是当前大数据技术亟待解决的问题。但目前的大数据技术仍存在诸多痛点，比如缺乏统一的技术标准与协调机制，开发成本高，数据安全及隐私问题在技术和法律上还未得到妥善解决，海量数据存储成本高且效率低下等。

此外，在互联网时代，个人信息和数据的隐私及安全是一个日益突出的问题。美国社交巨头 Facebook 因为滥用个人数据受到欧盟的重罚，我国也屡屡曝出个人隐私数据（比如身份证和电话号码）非法交易行为。

区块链有望通过密钥和隐私技术做到个人数字资产和信息的确权和匿名，可以防止数据在不经过授权的情况下被滥用、盗用，一方面保障隐私，另一方面发挥数据的商业价值。另外，区块链技术对数据安全的保护，共识机制对多节点运行的有效协调，以及激励闲置存储空间加入数据存储的方式，为解决这些痛点找到了一条极具前景的道路。

在这个领域,一个由 47 家日本银行组成的财团与某区块链公司签约，以利用区块链促进银行账户之间的资金转账，同时，通过大数据分析使识别消费者支出模式和识别风险交易的速度比目前更快，降低了实时交易的成本。传统实时转账成本高的原因之一是潜在的风险因素。使用区块链结合大数据，在很大程度上避免了这种风险。

5.8 区块链+物流

在传统的物流系统中，企业与承运商在沟通及交易的过程中各自有一套系统，由于信息的不对称以及信用的问题，会让双方在审计、核查方面耗费大量的人力、物力和财力，从而推高整个交易过程的成本，导致效率降低，结账周期延长。特别是在物流链管理领域，存在着诸多问题，如供应链信息流通不畅、上下游企业之间缺乏信任、管理成本较高等，都制约着供应链体系作用的发挥，是供应链发展急需解决的问题。

利用区块链技术，双方共建联盟链系统可以实时共享物流数据，同步进行处理，这不仅大大加快了物流信息的处理速度，缩短了处理时间和结账周期，也大大节省了双方耗费在审计和核查方面的人力、物力和财力。

在这方面，某专注区块链底层技术应用的公司开发了一个应用平台，实现了区块链+物流托盘的实体经济应用。该平台将一款名为的“智慧物流芯”的技术芯片内置于托盘，借助物联网技术实现物流中的“追踪定位”“数据读取”。用户随时可以在区块链上验证货物信息的真伪，通过货物信息实时监控，做到托盘+货物全流程监管。

5.9 区块链+医疗

目前，医疗数据中有超过 90%来自于医学影像，而医学影像信息被数据化后形成了丰富多样的、存储量庞大的非结构化医学大数据，且数据来源复杂和数据孤岛现象严重。对这些医疗大数据的捕捉、存储、管理和处理分析存在诸多困难。对患者来说，每一次去不同的医院看病，都需要重新录入全部的病例信息，非常麻烦。对医疗机构来说，患者的历史医疗数据不齐全也不利于对其病情做出精准的判断。而且病患信息的隐私保护与医疗信息共享之间的平衡问题在目前的系统中也没有得到很好的解决。总之，目前传统的中心化信息管理系统对上述问题并没有很好的解决方式。

利用区块链技术可以在医疗系统内部建立联盟链系统，让联盟内的医院及病患共享数据，同时，对数据进行加密处理，这样一方面免除了冗余数据的输入，另一方面可以使病患的信息在共享过程中得到保护，最终使病患得到及时准确的诊治。

我国某知名软件企业于2019年12月18日发布了《医疗领域区块链解决方案白皮书》，内容涵盖政策背景、应用场景及解决方案、最佳实践案例、产品与生态赋能等方面。该白皮书提出在数据互通共享的基础上，通过区块链赋能处方流转平台，可保障处方在外流过程中真实可信，实现保障患者隐私前提下的全流程监管，真正做到过程可追溯，避免纠纷；基于区块链建立以患者为中心的转诊服务，可保证患者对个人健康信息的控制力，确保健康信息的完整性、安全性与连续性；使用区块链对用户身份、数据所有权进行管理，不存在超级管理员和特权用户，可确保安全与隐私保护；利用智能合约对科研流程进行自动化管理，避免人为干预，打造民主化的科研平台。

在业务办理方面，保险清算类业务可通过区块链的智能合约完成患者、医院与保险机构之间的费用清算，避免复杂、冗长的人工处理与审核过程；在提高效率、降低手工出错概率的同时提升患者的用户体验，缩短医院的垫付周期；医保控费类业务通过区块链与 DRGs（疾病诊断相关分组）相结合，根据疾病诊断相关分组，基于区块链的智能合约进行费用支付，可规避人为有意或无意的干预，保证付费过程的公正与透明；对于供应链管理类业务，通过区块链与电子存证相结合，可保证医疗供应链相关数据的不可篡改、真实可信。链上信息透明，便于实时监管与审计。

在行业监管方面，药品追溯可通过区块链保证药械从生产到销毁全生命周期的信息不可伪造、不可篡改。相关信息对参与方透明可见，便于追溯与监管；在医疗监管上，根据区块链分布式特性使任意节点对全局数据可见、可追溯，无须数据上报，无须跨组织数据交换与集成，监管方可以实时或准实时对全局数据和事件进行监控、追溯与审计。

5.10 区块链+保险

保险是涉及国计民生的重要行业。我国保险业近些年飞速发展，诞生了一大批新兴的保险公司。然而，在行业飞速发展的过程中也出现了一些突出的问题。其中，道德风险和逆向选择被认为是保险业的顽疾。

所谓的道德风险是个体行为由于受到保险的保障而发生变化

的倾向，是交易的一方由于难以观测或监督另一方的行动而导致的风险，典型的就是保险欺诈。全球每年由于医疗保险欺诈造成的损失高达 2600 亿美元。

所谓的逆向选择是指在保险市场上，想要为某一特定损失投保的人实际上是最有可能受到损失的人。因此，保险公司的赔偿概率将会超过公司根据大数法则统计的总体损失发生费率。

这些问题的存在严重影响了产品价格和合同设计，极大降低了市场效率，阻碍了市场的健康发展，还使各种赔偿费用越发高昂，侵蚀着保险业的利润。

区块链技术的分布式架构，具有信息不可篡改、交易可回溯及公开透明的特性，可以实现保险系统内，用户信息管理、产品设计、销售、核保、理赔和监管等在内的业务链重塑。在理想状态下，保险公司的核保和理赔变得既简单又迅速，消费者购买保险前的逆向选择行为和购买保险后的道德风险行为均可以避免。佣金和渠道费用大大减少。由于智能合约的存在，保险公司也无法再逃避自己的赔付责任等。

2016 年，我国某民营银行开展了基于区块链的理赔项目 POC（Proof Of Concept）。这个项目基于理赔的流程及规则，模拟了理赔业务场景，验证了使用区块链智能合约和存证技术实现线上自动理赔的可能。它使用户能够清楚自己保险产品的优势，同时，可以把用户的信息在利益相关的不同机构间匿名共享，极大提高了效率并降低了成本和风险。

5.11 区块链+征信

所谓的征信就是专业、独立的第三方机构为个人或企业建立信用档案，依法采集、客观记录其信用信息，并依法对外提供信用信息服务的一种活动。个人的征信是个人参与现代社会商业及社会活动的基础。个人或企业的征信来自历史信息和过往的活动，但是会影响个人或企业参与未来的活动。

征信在金融领域有着重要作用，甚至可以说是金融领域的支柱。因此，个人和企业征信体系的建立对构建全社会积极、健康的营商环境至关重要。

在我国，征信行业近些年取得了长足的发展，但仍然面临巨大的挑战和障碍。这主要表现在我国征信数据覆盖率较低，无论是对企业、机构还是个人都是如此；存在严重的数据信息孤岛现象，造成信息不对称，各种数据无法统一管理，不利于数据共享，削弱了数据的有效性；个人征信数据管理不善，导致非法泄露，使得个人隐私无法得到保障。

区块链具有去中心化、去信任、保障数据不可篡改等特性，应用于征信行业可以极大改善这些问题。在基于区块链的去中心化的共享征信模式中，征信机构可以通过区块链平台在保障个人隐私的情况下对征信信息进行共享和交换；区块链数据的不可篡改性可以保障征信数据上链以后的真实性和可靠性，从而提升征信行业的服务质量；区块链技术的去中心化、去信任的特点可以实现征信机构、数据提供方和使用方之间的数据共享，打破数据孤岛，提升信息利用率，并简化各方之间的流程，降低沟通成本，提高运作效率。

在这方面，杭州某区块链技术公司研发了一条名为“公信链”的公有链，并基于公信链开发了全球首个去中心化数据交易所，适用于各行各业的数据交换。公信链的主要应用领域为面向互联网金融的网络贷款、汽车金融、消费金融，以及有数据交换需求的政府、保险、医疗和物流等政企部门，以去中心化思维解决各个行业在数据交换和流通等环节中一直存在的各种问题。2018 年 1 月，该公司还与国内某电商巨头旗下的独立第三方征信机构签订了数据合作协议，将数据接入网络。

5.12 区块链+农业

随着互联网技术与农业的结合，农业信息化是农业现代化的重要组成部分。农业信息化不仅意味着农业技术本身的信息化，也包含农业产业和各个领域中管理、流程等方面的信息化。云计算、大数据、物联网和区块链等新一代信息技术被应用于农业是无法阻挡的趋势，也是推进我国农业现代化、智能化和标准化的关键。

区块链技术能够为农业领域内的生产、金融、保险、物流和农产品追溯等方面带来极大变革。区块链技术的去信任化、防数据篡改和共识机制能够在农业领域构筑良好的诚信体系、可信的品牌和可靠的质量，将改变农业生产方式落后、效率低下和成本高昂的负面形象。

在这方面，国内某专注于溯源应用的公司利用区块链技术在农产品溯源领域进行了有效尝试，搭建了区块链溯源链。团队发布的第一款区块链溯源的特色农产品“真五常大米”，通过时间戳、地理戳和品质戳，解决了市场上五常大米掺假的问题。在这个系统中，区块链技术平台是一个 IT 入口，通过这个入口，可以低成本地把各种要素呈现出来。通过区块链的多方旁证、联盟共建机制，建立了一条完整的农产品生产和流通消费的证据链。

5.13 区块链+溯源

当前，假货在我国消费领域，尤其是网上购物领域仍然是比较严重的问题。以某电商平台为例，尽管打假活动一直保持高压状态，但假货仍时有发现，其中海外代购就是假货频出的一个典型领域。随着人们生活水平的提高，消费者越来越关注商品的原产地、加工和物流等关乎产品质量的细节，因此，商品溯源的需求近来日益增长。

目前，溯源行业的一大痛点是数据造假问题。在现有的溯源场景中，商品在整个生命周期及物流过程中涉及多个不同机构和不同流程，这一方面很难保证各方提供的数据是真实的；另一方面，无论由哪一方负责存储溯源信息，都面临数据篡改的嫌疑。

区块链技术的核心优势是能够在去中介的条件下实现低成本的信任关系。通过将溯源信息保存在区块链账本中，商品生命周期中的各个参与方都将作为区块链节点，共同维护存储溯源信息的账本，保证溯源信息一旦上链，就是不可篡改、不可伪造、不可抵赖的，在商品参与方、消费者和监管机构之间形成具有较高公信力的溯源机制，解决数据造假的核心痛点。

我国某电商巨头建立了一套强大的基于区块链的溯源平台。该平台可以为消费者提供部分品类商品的全程品质溯源服务。2017 年 5 月，该电商联手某肉食加工企业完成了全球首例区块链全程追溯。该追溯平台接入肉食加工企业的产品养殖、生产和加工等追溯信息，结合电商仓储出入库、订单和物流等信息，将全程品质追溯信息展现给消费者，并打造专属页面，消费者扫码或进入订单中心可一键查询。

5.14 区块链+其他

除了上述领域，区块链还在其他一些场景有着广泛应用。比如，电子礼品及虚拟商品就是一个正在快速发展的细分行业。在这个业务模式中，存在信息严重不对称、消费者权益很难保证的问题。基于区块链相关技术，可以让电子礼品和虚拟商品的发行、销售、赠送和使用更加简单、安全和透明，从而解决行业的信用问题和消费者权益保障问题。

基于区块链相关技术，江苏某网络通信有限公司开发了一套安全、开放的礼品券电子化解决方案，让电子礼品券的发行、销售、赠送和使用更加简单、安全。作为一个开放的礼品卡电商平台，它还建立了一套 PoT（Proof of Trading）电商挖矿机制，对商家及用户进行双向激励，解决商家诚信及售后服务等难题。目前，该平台已与中粮集团、腾讯、中国移动、中国电信等公司达成合作协议，发展了多家国内外知名品牌入驻平台商城，例如，施华洛世奇、凌美、九阳、美的、苏泊尔、新秀丽等，提供了食品生鲜、生活电器、日用百货、美妆洗护和充值服务等多种类型的礼品卡服务，还可以为企业提供定制化、全方位、多元化的员工福利、礼品赠送综合解决方案。

参考文献

[1] ZHENG Zibin，DAI Hongning，XIE Shaoan. Blockchain challenges and opportunities：A survey[J]. International Journal of Web and Grid Services，2018，14（4）：352.

[2] 中国信息通信研究院，上海高级人民法院. 区块链司法存证应用白皮书（1.0 版）[R]. 北京：中国信息通信研究院，2019.

[3] 谭征. 区块链视角下物流供应链重构研究[J]. 商业经济研究，2019（5）：83-86.

[4] 中国音像与数字出版协会游戏出版工作委员会（GPC）. 2018 年中国游戏产业报告（摘要版）[M]. 北京：中国书籍出版社，2018.

[5] 中国区块链技术和产业发展论坛. 中国区块链技术和应用发展研究报告（2018）[R]. 上海：中国区块链和产业发展论坛，2018.

[6] 刘睿智，赵守香，张铎. 区块链技术对物流供应链的重塑[J]. 中国储运，2019（5）：124-128.

[7] 中国电子技术标准化研究院. 中国区块链与物联网融合创新应用蓝皮书[R]. 北京：中国电子技术标准化研究院，2017.

[8] 巴曙松，朱元倩，乔若羽，等. 区块链新时代：赋能金融场景[M]. 北京：科学出版社，2019.

[9] 中国信息通信研究院. 区块链溯源应用白皮书（版本 1.0）[R]. 北京：中国信息通信研究院，2018.